本书获得

教育部人文社会科学研究青年基金项目资助

（项目批准号：15YJCZH128）

广东省普通高校优秀青年创新人才培养计划项目资助

（项目批准号：2014WQNCX067）

广州大学人文社科学术团队项目资助

（项目批准号：201602XSTD)

南国公共管理文库

陈 潭 / 主编

间断均衡与中国地方污染治理的逻辑

*P*unctuated Equilibrium and the Logic of Pollution Governance in China:
  A Prefectural-level Analysis

彭铭刚 / 著

中国社会科学出版社

图书在版编目（CIP）数据

间断均衡与中国地方污染治理的逻辑 / 彭铭刚著. — 北京：
中国社会科学出版社，2018.8
（南国公共管理文库）
ISBN 978-7-5203-2964-4

Ⅰ.①间… Ⅱ.①彭… Ⅲ.①污染防治－研究－中国
Ⅳ.①X505

中国版本图书馆CIP数据核字(2018)第180492号

出 版 人	赵剑英	
责任编辑	黄 山	
责任校对	张文池	
责任印制	李寡寡	

出 版	中国社会科学出版社	
社 址	北京鼓楼西大街甲 158 号	
邮 编	100720	
网 址	http://www.csspw.cn	
发 行 部	010－84083685	
门 市 部	010－84029450	
经 销	新华书店及其他书店	

印 刷	北京明恒达印务有限公司	
装 订	廊坊市广阳区广增装订厂	
版 次	2018 年 8 月第 1 版	
印 次	2018 年 8 月第 1 次印刷	

开 本	710×1000 1 / 16	
印 张	11.5	
字 数	200 千字	
定 价	45.00 元	

《南国公共管理文库》

组编

广州大学公共管理学院

出品

中国社会科学出版社

《南国公共管理文库》

学术委员会

编辑委员会

总　序

这是一个转型的时代，这是一个变革的时代，这是一个机遇与挑战并存的时代！随着新知识、新技术、新方法的创造和运用，时代的发展和社会的进步已然势不可挡！

在这个碎片化的时代里，人类社会对于知识、技术、制度、文化的要求将会越来越高，而知识的积累、传播、生产、更新和创造也将会变得越来越重要。在这个流动性的时代里，时代赋予了每一个人以同等的使命、机遇和挑战，而每一个人又是这个时代忠实的观察者、参与者和记录者。站在这个时代的横断面上，作为时代最好的记录者之一，当下学术人必须捍卫真理、秉持操守，必须海纳百川、兼容并包，必须淡泊名利、勇于担当，必须以科学的精神和专业的视角全部或部分地反映变革时代所涌现的人和事，总结已经变化了的社会实践活动经验，跟进正在发生或将要发生的时代变革行为。

1917年，青年毛泽东在湖南第一师范求学时于《心之力》的作文中写道："故当世青年之责任，在承前启后继古圣百家之所长，开放胸怀融东西文明之精粹，精研奇巧技器胜列强之产业，与时俱进应当世时局之变幻，解放思想创一代精神之文明。破教派之桎梏，汇科学之精华，树强国之楷模。正本清源，布真理与天下"！1919年，他在《湘江评论》创刊宣言中指出，"所以我们的见解，在学术方面，主张彻底研究，不受一切传说和迷信的束缚，要寻着什么是真理。"可见，学术人的学术研究只有"承前启后"、"与时俱进"、"解放思想"、"正本清源"和"彻底研究"，才能"布真理与天下"。

从一定程度上来说，问题意识、分析技能、批判精神是学术人从事学术活动和走上职业化道路必备的三个要素。倘若缺乏了分析技能，自然也就缺乏对这个时代良好的判断能力、辨析能力和推理能力；倘若没有了批判精神，也就无从谈起否定、反思和修正，更就无从说起创新和创造了。但是，如果没有了问题意识，那一切都将会无从谈起。问题意识是时代的主题，是从事学术活动最起码的思维和思考方式。意识到问题的存在是思维的起点，没有问题的思维显然是肤浅的、被动的。实际上，在既有的研究、思考和行文中，我们通常会不自觉地落入到社会科学研究的"三段论"范式之中：到哪儿去发现问题和寻找问题？怎样诊断问题和分析问题？如何提出解决问题的方法和路径？

我们知道，学术人从事的学术研究永远都脱离不了这个时代、这个社会，永远都无法摆脱时代和社会存在的种种问题。至于如何去"发现问题"和"回答问题"，那就仁者见仁、智者见智了。无论是不同学科，还是不同学派，无论是自然科学工作者，还是社会科学工作者，也许同一个问题有不同的发现解释，同一个问题有不同的解决方法和解决方案，但几乎同一的问题意识始终是学术人无法绕过的学术"自留地"，而围绕问题所达成的目标始终又几乎是统一的。不管是晚睡还是早起，学术人始终都是全天候地思考并想象着的"孤独的探索者"。

作为公共管理研究的从业者，必然需要具备宽广的知识基础和丰富的经验基础。公共管理研究离不开政治学、经济学、社会学、管理学的知识支撑，也离不开数学、哲学、法学、史学的思维支持。面对纷繁复杂的人类实践活动，面对层出不穷的社会公共问题，单一的学科知识已经无法圆满回答涉及面广、跨越度大、复杂性高、系统性强的公共政策、公共事务、公共治理问题。因此，学科边界和知识壁垒不得不被打破，科际整合成为现实，社会科学的知识统一无法避免。如今，各行各业、各式各样的跨界行动，让我们目不暇接，单一的、传统的思维、专业和学科迟早会被颠覆。如果没有广博知识的涉猎和多学科方法的介入，公共问题的研究毫无疑问将会变得没有宽度、深度和新度。

另一方面，作为社会科学事业的公共管理研究，如果没有生动的实践和丰富的经验作为基础，任何研究都将走向空泛和无力。实践既是客观世界的直接活动，也是主观世界的能动反映，可谓"实践出真知"。明代理学名宦林希元有云："自古圣贤之言学也，咸以躬行实践为先，识见言论次之"。作为直面实践的学问，公共管理研究既不能"坐井观天"，又不能

"闭门造车",它必须以实践阅历与经验累积作为起码的思维铺垫和行动指南。它既需要"眼观八面",又需要"耳听八方",它既需要深入田间地头、街头巷尾,又需要深入政府、学校、医院、企业和其他社会组织当中。"没有调查,就没有发言权",只有经过细致入微的观察、访谈和体验,开展案例、数据和其他有用信息的收集、鉴别与整理,才能采用"真方法"找到"真问题"。无法"顶天",就得"立地",惟有建立理论与经验的现实链接,学术研究才有洞察力、说服力和生命力!

众所周知,"推动国家治理体系和治理能力现代化"成为了新时期全面深化改革的总目标。毫无疑问,良好的国家治理体系和治理能力是建立与完善现代国家制度的必然产物,是实现国强民富、国泰民安、民族复兴、大国崛起的不二选择。作为制度系统的组成部分,国家治理涵盖了经济治理、政治治理、社会治理、文化治理、生态治理、政党治理等多个领域以及基层、地方、全国乃至区域与全球治理中的国家参与等多个层次的制度体系。国家治理体系和治理能力的现代化建设与发展,凸显了政权管理者向政权所有者负责并被问责的重要性,强调了政权所有者、政权管理者和利益相关者多种力量协同共治的必要性,指向了国家实现可持续发展、普遍提高国民生活质量和建立和谐稳定社会秩序的可能性。

世界银行在《变革世界中的政府(1997年世界发展报告)》中指出,"善治"或"有效治理"是一个国家——特别是发展中国家——实现发展的关键。诚然,中国已经进入了从现代化的早期阶段向后期阶段迈进的新的历史时期,工业化、市场化、城镇化、信息化、全球化的浪潮有力地冲击着既有的国家治理体系并挑战着当下的国家治理能力。国家治理的转型和现代化建设将会促使经济、政治、文化、社会、生态等方面的制度建设更加科学、更加合理、更加完善,科学执政、民主执政、依法执政的能力和水平不断提高,公共事务管理不断走向制度化、规范化、程序化。因此,深入开展公共治理研究无疑将有助于国家治理现代化的建设与发展:

第一,科学有效的政府治理是实现国家治理现代化的前提。政府的职责和作用主要表现为保持宏观经济稳定,优化公共服务,保障公平竞争,加强市场监管,维护市场秩序,推动可持续发展,促进共同富裕,弥补市场失灵。因此,实现良好的政府治理需要改革政府治理结构、完善现代政府制度，需要明晰科学合理的政府边界，适当调整政府与企业、政府与市场、政府与社会、政府与公民、政府与政党之间的关系，充分发挥市场在资源配置中的决定性作用，着力解决市场体系不完善、政府干预过多、监管不到位等"政府失灵"和"市场失灵"问题。同时，实现良好的政府治理必须转变政府职能，深化行政体制改革，创新行政管理方式，增强政府公信力和执行力，建设法治政府和服务型政府。

第二，创新有序的地方治理是实现国家治理现代化的核心。从纵向治理结构来看，作为一个巨型的治理共同体，不同的地方有着不同的复杂性，国家治理需要地方性知识的累积，国家治理的创新需要地方治理的制度试验和"先行先试"。从横向治理结构来看，城乡二元结构和"城乡分治"的现实成为了国家治理现代化进程无法回避的制度瓶颈，公共服务供给不充分、不均等、不便利仍然是割裂乡村治理和城市治理的主要因素。因此，建立"以工促农、以城带乡、工农互惠、城乡一体"的新型工农城乡关系，让农民平等参与现代化进程、共同分享现代化成果，是实现国家治理现代化的关键目标。

第三，多元共治的社会治理是实现国家治理现代化的关键。面对社会结构变化、社会矛盾凸显和利益格局调整，政府依靠自己的力量且沿用传统的社会管制方式已经过时，提高处理复杂问题的能力和创新社会治理的水平势所必然。因此，政府必须立足于维护最广大人民群众的根本利益，最大限度地增加和谐因素，建立顺畅的民意诉求通道，协同各级各类社会组织，运用法治思维和法治方式，坚持源头治理和综合治理，强化道德约束，规范社会行为，调节利益关系，协调社会关系，解决社会问题，增强社会发展活力，提高社会治理水平。同时，加快社会事业改革，完善政府服务购买方式，健全基层综合服务管理平台，解决好公众最关心最直接最现实的利益问题，努力为社会提供多样化服务，更好地满足公众需求。

第四，开放包容的文化治理是实现国家治理现代化的条件。基于宗教、信仰、风俗、道德、思想、文学、艺术、教育、科学、技术等范畴的意识形态和精神财富的文化治理是国家治理的上层建筑和"软实力"。通过进行公共文化决策、公共文化事务处理、公共文化资源配置、公共文化产品提供等形式和方式，文化治理可以平衡不同人群之间的社会需求，可以有效地建构公共符号、凝聚公众情感、陶冶公众情操、消解心理压力、疏导社会情绪。国家文化治理可以通过家庭教育、学校教育、社会教育等途径开展，也可以以文化产业、文化产品的方式实现政治、经济、社会和文化的价值性转换，进而创新和重塑国家治理模式。

第五，和谐共生的生态治理是实现国家治理现代化的保障。面对资源约束趋紧、环境污染严重、生态系统退化的严峻形势，生态治理必须树立尊重自然、顺应自然、保护自然的理念，坚持节约优先、保护优先、自然恢复为主的方针，建立系统完整的生态文明制度体系，实行最严格的源头保护制度、损害赔偿制度、责任追究制度，完善环境治理和生态修复制度，着力推进绿色发展、循环发展、低碳发展，形成资源节约和环境友好的空间格局、产业结构、生产方式、生活方式。开展生态治理，建设美丽中国，关系公众福祉，关乎民族未来。

毫无疑问，推进国家治理体系和治理能力现代化需要智慧而有策略的顶层设计。罗尔斯在《正义论》中提出了社会公正的两条基本原则：一是普惠的原则，每一个社会成员都应该享受同等的权利、义务和福利；二是差异的原则，每一个社会成员具有先天禀赋和后天能力的差异，社会应该为弱势者提供一定程度的照顾和补偿。通俗地说来，"满足多数，保护少数"的国家治理能够达成社会最基本的"权"、"利"和"善"，能让公众幸福而有尊严地生活、让社会公正而又和谐地运转。为此，新时期的国家治理改革必须从原先的"从下至上、先易后难、循序渐进、单项突破"转变为"从上到下、以难带易、平行推进、重点突破"，选准影响经济社会发展的"重点领域"和"关键环节"，以"刮骨疗毒"和"壮士断腕"的勇气冲破障碍和阻力，从而实现民族复兴的伟大"中国梦"！

与此同时，推进国家治理体系和治理能力现代化需要学术人的公共责任和学术作为。当下的社会是一个需要表达的社会，当今的时代是一个寻求逻辑建构的时代。社会需要知识，时代借力学术，具备专业水准、时代责任和人文关怀的学术人的学术修为、知识供给和理论贡献在今天变得尤为重要。为此，当下学术人必须提升学术研究的质量和水平，必须拓展学术开放度和学术自主性，必须具备国际化视野、专业化精神和本土化路线，从科学理论中寻找本土的现实注脚，从本土素材中提炼理论的科学养分，回归常识，累积个案，追寻真实，积极推动原创研究、微观研究、深度研究的开展。

　　书山有路，学海无涯！站在南海边上的中国，我们尽情地展示我们的热情、我们的呼吸、我们的稚嫩。我们深知，在学术的门缝里，我们仅仅是蹒跚学步的矮个子，只有站在前人和他人的肩膀上，才会看得更清、更高、更远！真心期待《南国公共管理文库》的编辑和出版能够为推动中国社会科学学术研究的繁荣和发展尽点绵薄之力！

　　是为序！

陈潭

2018 年 2 月 24 日

于广州大学城

目　录

第一章　导论

第一节　研究问题与研究意义

党的十九大报告提出"坚持人与自然和谐共生"的基本方略，并且强调"树立和践行绿水青山就是金山银山的理念，坚持节约资源和保护环境的基本国策，像对待生命一样对待生态环境，统筹山水林田湖草系统治理，实行最严格的生态环境保护制度，形成绿色发展方式和生活方式，坚定走生产发展、生活富裕、生态良好的文明发展道路，建设美丽中国，为人民创造良好生产生活环境，为全球生态安全作出贡献"。

1978年中国改革开放以来，经济持续地高速增长，但环境污染的事故时有发生，不仅对民众的生命安全和健康产生严重的危害，甚至影响经济的可持续发展。国内外学者对于中国的环境污染和生态破坏所带来的损失进行了一些评估，环境污染所造成的经济损失约占 GNP 比重的 10%—17%。[①]中国环境保护部环境规划院在 2012 年 2 月公布的《2009 年中国环境经济核算报告》中指出，环境污染所产生的代价不断上升，2004 年由于环境污染所带来的环境退化成本为 5118.2 亿元人民币；2008 年环境退化成本为 8947.6 亿元；而 2009 年上升至 9701.1 亿元，直逼 1 万亿元的大关，环境危机严重制约地方的经济发展和人民生活。[②]从图 1-1 看到，工业污染物排放不断攀升，特别是工业废水和二氧化硫的排放量一直处于较高水平。

[①]　厉以宁：《中国的环境与可持续发展》，经济科学出版社 2004 年版，第 105 页。

[②]　中国环保网，"中国环境污染损失增速已经超过 GDP 增速"，（http://www.chinaenvironment. com/view/viewnews.aspx?k=20120202174943585）。

既然环境保护以及环境安全关乎经济生产以及人民生活，是国家治理不可避免的问题，环境治理迫在眉睫，那么地方政府的环境治理行为，尤其是环境治理投入上的状况如何？

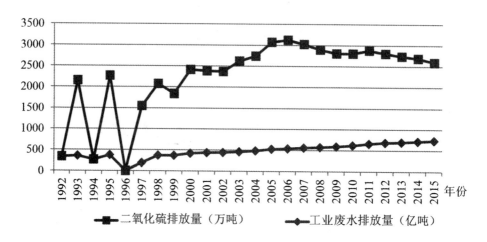

图 1-1 全国二氧化硫和工业废水排放量（1992—2015 年）

根据国外的经验，环境污染治理投资占 GDP 比重 1%—1.5% 的时候，污染的恶化才有可能得到基本的控制；环境污染的治理投资占 GDP 的比重 2%—3% 的时候，环境质量才可以得到改善。[①] 从图 1-2 可以看出，全国的工业污染治理投入从 1992—2010 年进入了增长期，2010 年之后稍微有所下降，总体而言，政府的污染治理支出长期不足，从 2010 年开始才刚超过 1%，但是直到 2015 年，还不到 1.5%。因此，整体环境污染治理投入总体上偏少，投入长期不足，这是中国环境治理一个不容忽视的问题。中国环境科学研究院的一份研究表明，要使得二氧化硫的排放量处于生态承载力的范围之内，全国最多可以容纳 1620 万吨的排放量[②]，即使 2006 年之后二氧化硫的排放量有所下降，也依然远高于生态承载力的范围之内。可见污染物排放量大大超过环境承受力，污染治理的紧迫性日趋明显。

① 张坤民、王玉庆：《中国环境保护投资报告》，清华大学出版社 1992 年版，第 15 页。
② 王金南、曹东：《能源与环境》，中国环境科学出版社 2004 年版，第 68—69 页。

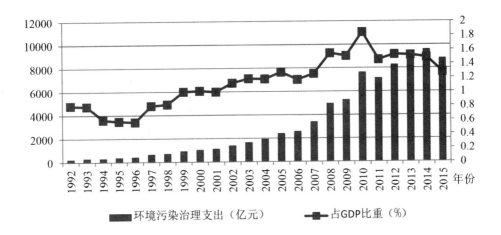

图1-2　全国工业环境污染治理投资（1992—2015年）

注：以上两图的数据均来自于《中国环境年鉴》（1993—2016）。

当代中国政治的实证研究比较鲜明地指出，改革开放以来地方政府在环境治理上表现出不积极的态度和行为，以及所带来的负面效应。现有的理论观察到，地方政府热衷于经济发展而轻视环保，大量吸引污染企业而漠视环境的利益①，地方环境执法不严、有令不行②，这也导致污染治理投入不足和偏低的状况。通过对地方政府的长期观察也发现，地方领导者会喊出"决不要污染的GDP"③口号，风风火火地进行环境专项治理和投入大量的资源进行环保工作④。面对经济高速增长以及污染物排放的不断攀升，地方政府对于环境治理为什么会出现不一致的响应？什么原因导致这种现象出现？现实的情况可能是，地方政府对于环境治理既表现出积极性行为以及有所作为，同时也出现尚未努力甚至漠不关心的行为。地方政府在什么

---

① 孙佑海：《超越环境"风暴"——中国环境资源保护立法研究》，中国法制出版社2008年版，第81—83页。

② 《怎样破解环境执法潜规则？》，中国环境网，http://www.cenews.com.cn/xwzx/gd/qt/201307/t20130714_744639.html

③ 《安徽省委书记：决不要污染的GDP》，新华网，http://news.xinhuanet.com/politics/2010-07/21/c_12357249.htm

④ 如广州市政府宣布将再投入140亿元治理河水污染，参见香港《文汇报》，《穗再掷140亿治河》，http://paper.wenweipo.com/2013/07/14/CH1307140008.htm

情况下会积极行动，在什么情况下会消极不作为呢？其内在的机理如何？弄清楚这些问题，不仅有利于对地方政府环境治理行为进行分析，而且有利于对政府未来的可能行动进行预测。

本书的研究问题是，地方政府环境治理遵循什么逻辑，以及如何解释地方政府环境治理的逻辑。本书所研究的地方政府为市级政府，由于环境治理覆盖许多领域，为了使研究更具体，本书集中研究市级政府的污染治理行为。要解释市级政府污染治理的行为，必须清楚了解行为的现状以及变化特征。本书将以市级政府的工业污染治理支出作为指标来考察市级政府的污染治理行为。从 1994—2010 年的中国重点城市的工业污染治理支出的数据总体变化可以看出，市级政府的污染治理支出长期处于停滞或者只作微调的状态，甚至出现削减的情况，适度和中等的支出调整较为困难。同时，支出变化中出现比预期更多的爆发性增长。市级政府的污染治理支出并非呈现正态分布和渐进式的增长，而是明显地长期停滞或只作微调，并夹杂着比预期更多的间断性大幅度增长。在经济不断快速发展与新污染源不断涌现的情况下，这意味着市级政府长期无意实质性改变现有的污染治理支出水平来提高污染治理的努力程度，甚至出现污染治理支出削减的情况。市级政府对污染治理不积极。然而，大规模的支出增长多于常态的预期，这意味着在特定年份，市级政府对污染治理又表现出积极性以及有所作为。

已有的理论认为，在经济高速发展的阶段，地方政府没有任何动力进行环境治理。中国的地方环境政治实证研究中也指出，中国环保职责的"破碎化"使得环境部门的决策力度受到严重削弱，蹩脚难行。同时，环境部门在整个政府职能部门序列中属于较为"年轻"的部门，在经济高速增长过程中，它们无力抗衡来自于经济部门的钳制。已有文献还指出，制度性及结构性所施加的利益格局与激励结构，加上环境保护的正外部性与环境污染的负外部性，使得地方政府及其官员对环境治理缺乏积极性，它们（他们）往往不作为和奉行"不出事的逻辑"。已有文献过多地将分析的焦点局限于政府行为的趋利性以及短期性，无法解释政府在各个领域中开展的种种实质性努力。所以已有的文献不足以解释上述支出呈现的长期停滞或只作微调，并夹杂着间断性大幅度增长的现象，尤其是为什么地方政府的支出中存在间断性大幅度增长。

已有文献对于地方政府治理行为的判断是相对"静止"的。本书发现，地方政府污染治理行为并非"静止"，而是"动态变化"的，既有不积极和不作为的表现，同时也有积极以及有所作为的表现。如果地方政府以及决策官员的行为都如已有文献所预期，为什么同一个政府会表现出前后不一致的治理行为？如何解释这种不一致的决策输出（环保支出结果）？为了有效捕捉地方政府污染治理行为的动态变化以及背后的影响因素，本书借鉴了诞生于美国的决策理论——间断均衡理论，并提出了制度结构与决策者注意力的分析框架，试图解释地方政府污染治理行为的变化逻辑以及作用机制。

这个分析框架强调，现有的制度结构使得环境决策过程中的阻力加大，并限定了决策者的注意力，增强环境决策过程中"负反馈"的作用，使得地方政府的污染治理支出变化长期停滞或微调，甚至出现削减，环境议题也不能受到决策者的重视和关注，环境议题登上政策议程的难度大。尽管如此，一旦决策者的注意力转移到环境议题，不仅可以克服制度结构所施加的注意力限定，同时也可以大大减少环境决策过程中的阻力，使环境议题能够登上决策者的政策议程，污染治理支出才有大幅度增长的可能性，政府的污染治理才变得积极和有所作为。因此，决策者的环保注意力是促使地方政府污染治理支出出现比预期更多间断性大幅度增长的关键。

结合分析框架以及通过数据和广东省 A 市 B 江水污染治理决策过程的实证分析，本书发现了地方政府污染治理的两个逻辑：第一，地方政府污染治理行为并不是依据辖区内污染程度的变化来决定的，而是很大程度上受制度结构因素和决策者环保注意力的共同影响；第二，即使污染状况处于持续恶化的状态，由于决策过程中过高的交易成本以及决策者注意力限定于经济绩效等目标，使得改变现状的环境决策难以通过和实现，地方政府的污染治理行为停留在不积极的状态。本书还发现，为了突破现有的制度结构因素所产生的阻力，自下而上的社会环保压力、地方人大的环保监督力、上级政府的环保行政压力以及地方环保部门的推动力与制度结构阻力进行较量，推动决策者的注意力向着决策语境中关于环境问题的冲突性评价转移，驱动决策者的注意力转移到环境议题上，并且脱颖而出登上政策议程，污染治理支出才会出现大幅度增长，地方政府污染治理才会变得积极和有所作为。

本书研究地方政府污染治理行为的意义在于：第一，本书并不是从传统研究环境污染治理的技术革新以及环境政策执行等问题为切入口研究环境治理问题，而是从污染治理支出决策的角度来研究环境治理问题，审视环境决策输出的逻辑，并且挖掘更深层次的决策过程，丰富环境污染治理研究的内容。第二，虽然本书研究的对象是政府的污染治理行为，然而研究框架并没有仅仅局限于政府所面临的利益格局和官员的激励机制来分析行为的逻辑，而是关注整个决策语境以及过程，包括各个行动者的行动策略以及决策者的注意力。这个过程中实际展现了各个行动者以及参与者所拥有的资源、行为模式、行动范围以及面临游戏规则的约束，以增进对市级政府决策过程的理解。第三，在中国的现实政治中，无论是在环保法律法规建设、环境执法与监管，还是环保治理经费的投入方面，政府在环境治理领域中都充当着主导性的角色。《中华人民共和国环境保护法》赋予地方政府环境监管和治理的积极角色。虽然公共选择理论认为政府对于环境事务的介入可能会失败，但是政府对环境治理的介入是必要的。政府的环境治理行为以及重视程度直接影响当地的环境状况。因此，分析市级政府污染治理行为背后的逻辑机理有利于剖析中国地方环境治理问题。第四，研究市级政府污染治理行为，总体上属于地方政府行为研究。本书提出的分析性框架，不仅适用于市级环境治理行为的分析，而且对于理解其他领域的政府行为（例如教育、医疗等）有一定的借鉴意义，通过对于市级政府环境污染治理行为的分析，增进对地方政府的理解。

第二节　研究对象、研究方法与本书架构

本书选择市级政府的污染治理支出行为作为研究的对象，基于以下四方面的考虑。第一，比起中央和省级政府，市级政府在中国整个环境治理架构中扮演着最为重要的角色，尤其是环保政策以及项目的执行与落实。

同时，市级政府在整个环保支出体系中占据最为重要的地位，也肩负着最重的财政负担，污染治理的投入也不例外。研究市级政府的污染治理行为能够更好地捕捉地方政府环境治理行为的逻辑。第二，市级政府比起中央和省级政府更为贴近民众，受到公民、媒体、利益团体、市级人大等因素的影响更为深刻，同时理论上也对辖区内的环境质量以及污染程度的信息接收更为敏感。第三，市级政府除了要响应来自社会的要求以及人大的要求以外，还要积极响应来自于中央政府、省政府的压力以及相邻地区的竞争。因此，市级政府比起中央政府和省级政府面临更为严重的政治冲突以及更复杂的决策过程。现有对于地方政府行为的研究大多数集中于省级政府的研究，而研究市级政府的环境决策过程更加能够反映中国现实复杂多变的政治过程，以及其对于地方环境治理的影响。第四，研究市级政府能够为本书提供更多的数据样本，可克服样本量过小的问题，提高研究结果的信度。

本书主要的研究方法是定量与定性分析相结合。由于本书研究对象为市级政府污染治理行为，并以工业污染治理行支出为主要指标，因此定量方法主要用于分析市级政府工业污染治理支出行为的特征，即变化的分布状况。除此以外，定量方法还用于系统检验分析框架中决策者注意力的驱动因素，以及系统考察决策者注意力和制度结构因素对污染治理支出变化的影响。本书的定性分析主要运于揭示分析框架背后运行机理以及外在的驱动因素如何推动决策者注意力的转移。定性分析数据主要来源于深度访谈以及一手和二手数据与文献。为了更好地挖掘环境决策过程中的各方面，笔者于2011—2014年在广东省的A市和S市，以及福建省的Z市和Q市进行田野调查，其中A市是以第三产业为主的城市，Z市为重工业城市，S市和Q市则为加工工业为主的城市。访谈的形式多为半结构式的，对象主要是地方环境决策过程中的利益相关者，包括财政局的官员、环保部门的官员、建设部门的官员、地方（省和市）人大城建与环资委的官员、市人大代表、市社科院的研究人员、新闻媒体与记者、环境抗争人士和专家学者。政府官员的访谈依靠笔者的个人关系以及国内大学一些教师的人脉关系。在访谈过程中笔者也发现，由于受访的财政局官员属于中青代，在访谈过程中并不能完全"释怀"。环保部门的官员以及地方人大的官员则属于即将退休或者工作将要变动的官员，他们不仅有丰富的工作经验分享，而且能够更容易"释怀"，更愿意分享真实的想法。同时依靠各种关系，笔者取得部分政府系统内部的讲话稿、汇报材料、内部执行办法等素材，可以作为文本材料。在本书的案例分析中，选取了访谈数据和文献数据最为全面和真实的 A 市关于 B 江水污染治理决定的决策过程。

　　本书的组织架构如下。第一章介绍研究的题目、研究对象以及研究的意义，并对本书的研究方法进行总体介绍。第二章介绍中国环境治理制度的演变以及在分权体制下，环境管理体制以及环境治理投入体制是如何运作的，其中包括对环境治理投入进行背景性的介绍以及对环保预算分配过程中的主要利益相关者进行描绘。第三章是文献回顾以及归纳地方政府污染治理行为的现状。其中第一小节是对已有的四种主流分析地方政府行为理论的回顾，并指出其对地方政府环境治理行为的预期或现状判断。第二小节则用重点城市的污染治理支出作为例子，描绘和归纳地方政府污染治理行为的现状和特征，并与已有理论对行为现状描绘或预期进行比较。第四章介绍间断均衡理论的主要观点以及应用现状，在第三小节中提出本书对于地方政府污染治理行为的分析框架——制度结构与决策者注意力，并对此详细论述。第五章是实证分析，目的是用系统的数据考察决策者注意力转移的相关因素，以及系统地检验注意力转移、制度结构因素与政府污染治理支出行为之间的关系。第六章是机制分析，通过 A 市的案例，详尽地剖析制度结构因素如何影响地方政府环境决策，驱动因素是如何影响决策者的注意力转移到环境议题上，考察各种行动者在面对各自的游戏规则以及有限的资源下，如何把自身所产生的压力或推动力发挥到极致，驱动决策者注意力的转移。第七章是本书结论，对本书的研究发现进行总结，并且指出研究的贡献和未来的研究方向。

第三节　本书的创新与不足

　　首先，本书提出了制度结构与决策者注意力分析框架，解释地方政府污染治理行为。这个模型的创新之处在于，在间断均衡理论的借鉴基础上，解释为何地方政府对污染治理会采取积极的行动，为何会表现出不积极甚至消极不作为？这个解释模型提高了对政府环境治理行为的解释能力，特别是回答了为什么同一个政府前后不一致的行动表现。其次，分析框架对在压力是通过什么样的方式以及机制转化为政策议程提出新的解释角度，即注意力配置的转移。外在压力可以通过决策者注意力配置变化的机制进行转化，推动决策者关注决策语境的其他方面和指标，从而推动外在的议程转变为决策者的政策议程。这个解释角度还相应地考察了各个行动者在不同的游戏规则以及拥有不同的资源下，如何释放自身的压力，最终影响决策者注意力的配置。

　　本书的不足之处在于对地方政府环境治理行为局限于污染治理支出，对其他治理行为如环保执法、生活污水治理、生态修复等环境治理方面没有涉及。因此，工业污染治理支出行为是否能够体现政府整体的环境治理行为需要更多的比较与论述。本书研究的政府层级主要是中国的重点城市，一般而言，这些城市的经济发展水平较高、财政较为富足，而这些城市的研究样本是否能够代表其他普通地级市政府的环境治理行为以及背后的逻辑，也有待进一步的验证。

第二章 中国环境治理制度的沿革

第一节 中国环境治理架构的演变

改革开放40年来，中国经济崛起背后所承担的环境代价备受学界的关注。回顾中国环境治理架构的历史变迁，为进一步分析中国政府环境治理行为提供了历史与现实的基础。中国环境治理架构的建设主要有两个方面，即环境治理机构的建设以及相关环保法律法规的颁布和完善，本节将按照这两个方面把中国环境治理架构的演变划分以下四个阶段。

一、环境治理架构建设的起步状态（1972—1982年）

中华人民共和国成立以后，水利部在北京召开了水利联席会议，决定成立黄河、长江、淮河水利委员会和水利工程总局，并确立"以流域为单位组织流域性水利机构"的原则。各大行政区相继成立水利机构，各省、专区以及县设立水利局（科），实行双重领导。流域机构和水利机构承担着流域水管理的责任，包括水土保持、河道整理以及水库和河流水污染的问题。虽然官方认为这是新中国环境治理机构建设的开端，然而在中华人民共和国成立之后一段较长的时间里（1950—1960年），恢复国民经济是当时的主要目标。加上进入"文革"后社会充斥着极"左"的情绪，以及对"环境"和"自然"存在错误的认知[1]，政府与社会对环境污染和公害问题没

---

[1] 在毛泽东时代的中国，自然被明确地看作是一个敌人，人类必须与其进行无休止的抗争。请参见 Feuerwerker,A.,R. Murphey and M.Wright, *Approaches to Modern Chinese History*, Berkeley: University of California Press, 1967, p.102.

有重视。虽然在"大跃进"的影响下，"五小"工业纷纷冒起，造成一定的水污染问题，但其影响程度还未引发对严重的环境污染的广泛关注。[①] 各水利机构在水污染治理上只有名义上的责任，并未发挥实质的作用。

　　新中国的环境治理机构建设始于 20 世纪 70 年代。1972 年，大连湾涨潮退潮黑水黑臭事故、北京官厅水污染事故和新中国首次派团出席联合国人类环境会议（UNCHE），使北京高层和中国社会对"环境保护"的概念有了启蒙性的认知。北京官厅水库污染事件发生后，时任国务院总理周恩来立刻关注此事，并且迅速成立"官厅水库水资源保护领导小组"[②]，开始新中国第一个水污染治理的实践。这不仅是新中国最早成立的具有实质意义的流域水污染防治机构，而且对整个新中国环境治理架构的发展具有里程碑式的意义。在两次水污染事件以及联合国人类环境会议的影响下，1973 年，国家计委召开了第一次全国环境保护会议，首次将环境保护提到国家管理的议事日程，并颁布了首部环境保护法规——《关于保护和改善环境的若干规定（试行）》，确立了自然资源开发利用环境影响综合分析、建设项目"三同时"等措施，这对后来整个环境治理法律体系建设具有深远的影响。第一次全国环境保护会议结束后，国务院成立环境保护领导小组及其办公室，以协调环境保护的相关事宜。各省、直辖市和自治区以及国务院各相关部门也设立环保机构，这意味着中国环境治理架构的建设进入起步阶段。为了加强环境保护的国际合作与交流，国务院环境保护领导小组办公室以中国政府的名义，加入了联合国环境规划署，成为联合国环境规划理事会 58 个理事国之一。1974 年 5 月，国务院正式组建由 20 部委负责人组成的环境保护领导小组，"负责制定环境保护的方针、政策和规定，审定全国环境保护规划，组织协调和督促检查各地区、各部门的环境保护工作"。与此同时，"各地区、各部门设立环保机构，给它们以监督、检查的职权"[③]，由国家基本建设委员

---

①《中国环境保护行政二十年》编委会：《中国环境保护行政二十年》，中国环境科学出版社 1994 年版，第 4—6 页。

② 请参见国家计委、国家基建委《关于官厅水库污染情况和解决意见的报告》，载于曲格平、彭近新主编：《环境觉醒：人类环境会议和中国第一次环境保护会议》，中国环境科学出版社 2010 年版，第 445 页。

③《中国环境保护行政二十年》编委会：《中国环境保护行政二十年》，中国环境科学出版 1994 年版，第 9 页、第 378 页。

会环境保护办公室代管。虽然各级政府逐步建立了环境治理机构，但大多数属于临时性的环境保护领导小组的办公室或"三废"办公室①，这一现象直到1979 年才逐步改善。

1979 年《环境保护法（试行）》的颁布，改变了以往环境治理机构的临时性质，并为各级政府建立环保机构奠定了法律基础。在这一阶段，中央领导人对于环境问题的重视确实推动了环境治理机构的建设和法制建立。1978 年 11 月，邓小平在中共中央工作会议闭幕会上做出了《解放思想、实事求是、团结一致向前看》的讲话，指出"应该集中力量制定各种必要的法律"。在这个历史背景下，首部环保法的筹备和制定工作逐步展开。1979年《环境保护法（试行）》确立了"将环境保护纳入计划统筹安排""预防为主、防治结合、综合治理""谁污染，谁治理"等基本原则，并且确立了环境影响评价、"三同时"和排污收费等一系列基本的环保法律制度原则。这意味着中国的环境治理架构有了相应的法律框架，为之后治理架构体系的完善奠定了法律基础。②

二、环境治理架构建设的初步全面发展（1982—1990 年）

20 世纪 80 年代，自然环境被中国政府定义为经济发展的基本要素，其中包括自然资源以及生活环境。因此，环境保护不再是一个技术性问题，而是整个国民经济发展的基础性体系。这个阶段有两个明显特征：一是国家层面的环保法制建设正式起步；二是国家逐步建立初步的环境治理机构组织体系。

组织机构建设最重要的一步发生在 20 世纪 80 年代初。1982 年，国务院进行机构改革，撤销原有国环办的临时机构，设立环境保护局（部委归口管理部门），归城乡建设环境保护部（原建设部）管理。从组织建设的角度而言，中央层级的环保机构从临时部门变为正式部门，这是一种进步的表现。然而，1982 年的机构改革也存在一定的问题，环境保护局的独立性被

---

① 地方层级的环境治理机构多数为"三废"办公室，负责三废治理工作，请参考国家环境保护局：《中国的环境保护事业：1981—1985》，中国环境科学出版社 1988 年版，第 155 页。

② 《中国环境保护行政二十年》编委会：《中国环境保护行政二十年》，中国环境科学出版社 1994 年版，第 28 页。

严重削弱，在具体环保实践中遇到很大的阻力，冲击了成立不久的环境管理机构。① 这次的机构设置也对地方的环保机构设置带来重大的影响。② 对此，在 1983 年第二次全国环境保护会议上，许多局内人士以及学者都纷纷表达不满，担心环境保护局被削弱的独立性会导致中国环境质量的进一步恶化。这促使中央政府作出两个重要的调整。③ 1984 年 5 月，国务院环境保护委员会（以下简称国环委）成立。同年国务院设立国家环保局，作为国务院环境保护委员会的办事机构，由城乡建设环境保护部管理，试图缓解由于 1982 年机构改革后带来的运行阻力。国环委由国务院领导成员和有关部、委、局以及直属机构的领导组成，负责各项环境保护任务的制定工作和组织协调（主要是与工业部门的协调），以此推动环境保护的工作。1984 年 12 月，经国务院批准，原来的环境保护局从城乡建设环境保护部单列并进入政府序列，把原有的环保局正式改名为国家环保局，但隶属关系不变，其人员编制从 60 人上升到 120 人。这两个调整不仅使国家环保局的独立性增强，而且其颁布的文件与法规的效力范围也扩大了。国家环保局可以通过国环委的同意来颁布法律和规章，相关的法律规章对其他部委以及下属机构同样具有效力。如果通过建设部同意颁布的法律规章，其效力也仅限于建设部以及下属机构企业。此外，独立性的增强还体现于国家环保局可以在业务上直接指导省级环保机构的工作，可以直接从财政部获得环境治理的资金，而不需要通过建设部门的分配。④ 1988 年，国务院再次进行机构改革，把国家环保局从建设部门脱离，成立直属国务院管理的副部级单位。这次脱离和独立实际上是一次质变的调整，使得环保机构职能划分更加明确，机构的资源更有保障，其人员配置也从 120 人上升到 321 人。⑤ 有统计表明，从 1982—1988 年，有 48% 的环境

---

① 曲格平：《中国环境保护事业发展历程提要（续）》，《环境保护》1988 年第 4 期。

② 这种影响对于县环保机构建设尤为明显。许多县在 1980 年初期建设的环保机构，被编为建设部门下属的机构，受建设部门直接管理，其执法独立性、人员编制与资源分配受到严重的制约。有统计显示，直到 1992 年，有 58% 的县环保机构依然属于建设部门管理，请参考《中国环境年鉴》编委会：《中国环境年鉴（1995 年）》，中国环境年鉴社 1996 年版，第 226 页。

③ Jahiel, Abigail R., "The Organization of Environmental Protection in China", *The China Quarterly (Special Issue: China's Environment)*, 1998, 156: 757—787.

④ Jahiel, Abigail R., "The Organization of Environmental Protection in China", *The China Quarterly (Special Issue: China's Environment)*, 1998, 156: 757—787.

⑤ 《中国环境年鉴》编委会：《中国环境年鉴（1995 年）》，中国环境年鉴社 1996 年版，第 228 页。

治理相关的法律规章、政策和标准都是由环保部门来制定、颁布和实施的。[①]

除了中央级别的环保机构以外，地方环保机构的建设也有长足的发展。1984 年，《国务院关于环境保护工作的决定》对地方环境保护机构建设作出要求，各省、自治区、直辖市人民政府，各市、县人民政府都应有一名负责同志分管环境保护工作。工业比重大、环境污染和生态环境破坏严重的省、市、县可设立一级局建制的环境保护管理机构。区、镇、乡人民政府也应有专职或兼职干部做环境保护工作。各级人民政府的环境保护机构是各级人民政府在环境保护方面的综合、协调、监督部门。各地在机构改革中应按照中共中央、国务院《关于省、市、自治区党政机关机构改革若干问题的通知》中关于"对于经济和技术的综合、协调、监督部门不要削弱的精神，加强和完善环境保护机构。已进行机构改革的地方，如果不符合《通知》精神的，应作适当调整，使机构设置趋于完善、合理，以承担起组织、协调、规划和监督环境保护工作的职能"[②]。此后，各省、自治区、直辖市设置省级政府环境保护机构。主要城市普遍建立环境管理机构，大约有一半的县建立了环境管理机构，有些地区在乡镇和街道设立环境管理员。截至 1987 年年底，全国各类环境管理从业人员达到 4 万多人，比 1980 年翻了一番。[③]

除了机构建设以外，环保法制建设在这个阶段也有很大的进展，许多环保制度原则、法律法规、行政规章等如雨后春笋般出现。第一，环境保护作为国家责任被写入宪法。1982 年《宪法》第二十六条："国家保护和改善生活环境和生态环境，防治污染和其他公害"，同时在第十条、第二十六条也有相应规定。在第二次全国环境保护会议上，时任副总理李鹏宣布："环境保护是中国现代化建设中的一项战略任务，是一项基本国策。"第二，在这个阶段，各种重要的环保法律法规以及原则得到确立，相关的执行细节也得到细化。第三次全国环境保护会议确立了环境保护三大政策（预防

① Child, John, Yuan Lu and Terence Tsai, "Institutional Entrepreneurship in Building an Environmental Protection System for the People's Republic of China", *Organization Studies*, 2007, 28(7): pp. 1013-1034.

② 国家环境保护总局、中共中央文献研究室：《新时期环境保护重要文献选编》，中央文献出版社、中国环境科学出版社 2001 年版，第 44—45 页。

③ 曲格平：《中国环境保护事业发展历程提要（续）》，《环境保护》1988 年第 4 期。

为主、防治结合；谁污染，谁治理；强化环境管理）和八大制度（环境影响评价、"三同时"、征收排污费、限期治理、排污许可证、污染物集中控制、环境保护目标责任制、城市环境综合整治定量考核制度）；提出"经济建设、城乡建设和环境建设同步规划、同步实施、同步发展"，实现"经济效益、社会效益与环境效益的统一"（三同时、三统一）"目标和努力开拓有中国特色的环境保护道路"。法律法规建设包括《基本建设项目环境保护管理办法》对环境评价和"三同时"制度的执行，并予以细化。国务院和国家环保局对当前法律法规执行制定了细则和执行办法（规章），在原有《工业"三废"排放试行标准》的基础上，颁布了许多环境质量标准，污染物排放标准以及环境基础和方法标准。第三，法制建设从污染物排放的领域向更为全面的领域迈进。这个时期制定了《海洋环境保护法》（1982）、《水污染防治法》（1984）、《大气污染防治法》（1987）、《森林法》（1984）、《草原法》（1985）、《渔业法》（1988）、《野生动物保护法》（1988）。第四，1989 年 12 月，全国人大通过了修订后的《环境保护法》，修改了过往试行版本约束性不强，规范性不明确的条款，把以往试行的法律变成正式实施的法律。

在这个阶段，无论是环保机构还是环保法制的建设，都是新中国环境治理体系建立以来的发展最快时期。中央级的环保部门独立性不断加强，架构不断清晰、地方政府的环保机构也逐渐建立，许多新的法律法规不断地颁布，逐渐建立成型的环境治理法律体系。中国环境治理关注的领域也开始从污染物排放向更为全面的领域迈进，其中包括森林、物种多样性、自然资源、地表水和土壤等。有学者认为，这个时期被环保部门认为是环保治理工作建设最有成效的阶段。[1]

三、环境治理体系的缓慢调整（1991—2005 年）

经过初步全面发展，中国环境治理体系步入缓慢调整的阶段，但这并不意味着治理体系的建设停顿，而是根据之前一个阶段所建立的整体框架

---

[1]　汪劲主编：《环保法治三十年：我们成功了吗？中国环保法治蓝皮书（1979—2010）》，北京大学出版社 2011 年版，第 13 页。

进行不断的深化。这一个特征在中央机构和环保法制建设上尤为明显。在这个期间，全国人大常委会修改了《矿产资源法》《森林法》《水污染防治法》《海洋环境保护法》《大气污染防治法》等，并在 1997 年修改的《刑法》第六章第六节，专门设立"破坏环境资源保护罪"。由于这个阶段中国进入高速的经济增长期，污染物的排放大增，中央政府与环保部门开始寻求新的治理制度来控制污染物的增长，其中包括《环境影响评价法》的实施、排污许可以及总量控制制度的建立。环境评价制度在 20 世纪 80 年代末开始推行，但一直处于试行阶段，并未强制施工项目实行。而《环境影响评价法》的正式实施，把规划和建设项目纳入环境评价范围之中，对强化环境治理和降低项目对环境造成的风险起到了促进作用。总量控制制度则是中央政府尝试摸索的环境管理制度，通过下达环境总量控制指标的方式来控制地方排污以及对地方政府行为进行监督。在很长一段时间，中国环境治理均靠控制污染物的浓度控制来进行排污监督，即污染物排放达标就视为排污行为合法。总量控制制度则是针对不断增长污染物排放的一种应对措施，并开始广泛运用在各类环境规划上，如《国家环境保护"十五"计划》就提出对二氧化硫等主要污染物排放总量的控制指标和工业污染防治的控制指标。

在这一阶段，最引人注目的是全国人大环资委的建立以及国家环保局的升格。1993 年，全国人大环境保护委员会的建立[①]对整个环境保护立法和执法监督工作具有十分重要的意义。全国人大环资委组织历次"自上而下"地进行环境保护执法检查，监督各地方政府对于环境治理的投入程度和多项环保法律的执行。1998 年，国家环保局升格为国家环保总局，从副部级单位升格为正部级部门，扩大了环境治理的行政职能和职责权限，内容更为丰富，从原有的 5 项职能增加到 12 项职能。升格后的国家环保总局第一项职能就是"拟定国家环境保护规划；组织拟定和监督实施国家确定的重点区域、重点流域污染防治规划和生态保护规划；组织编制环境功能区划"[②]。这表明，中央环保部门开始介入国家经济社会发展的决策之中。美中不足

---

① 1994 年改名为全国人民代表大会环境与资源保护委员会，名称便沿用至今。

② 中华人民共和国国家环境保护总局；中国法律法规库检索查询系统网站，http://ceilaw. cei.gov.cn/index/law/index.asp。

的是，这次机构改革导致国务院环境保护委员会撤销，有关组织协调的职能转由国家环境保护总局承担。这实际上降低了环境保护机构的组织协调能力，对环境保护工作造成一定损害。同时，这次机构改革后，国家环保总局与林业部门、水利部门的职权不明和交叉的情况日益凸显。

1992 年，邓小平的南巡讲话要求各地方勇于发展经济，"改革开放的胆子要大一些"，中国经济进入了快速的增长期，全国各地的乡镇和民营企业成为中国经济增长的动力。许多的乡镇和民营企业成为污染的大户。在这一需要加强地方环保工作的时期中，地方环保机构建设并不乐观，尤其是县级的环保机构建设。1994 年，中国进行第三次政府机构改革，县乡政府成为改革的目标之一，"大幅度地精简了机构和人员"[①]。在国务院认定的县级政府 18 个部门里，并不包括环保部门，环保局变为二级机构，有些甚至被撤销。[②] 环保部门的人员和经费得不到保障，甚至在一些省份的县政府里没有全职的环保官员负责污染收费以及污染排放统计。[③]1995 年，只有部分省份如广东、江苏、河南等明确表示将环保机构纳入县政府的必设机构。[④] 在 1996 年第四次全国环境保护会议中，许多与会人士和学者纷纷提出县级环保机构建设薄弱的问题，受到中央高层的关注。会议后，县级环保机构的困境得到一定缓解，许多县也开始建立环保局，大约一半为独立的一级机构。[⑤]1999 年，中共中央组织部发布《关于调整环境保护部门干部管理体制有关问题的通知》，对国家环境保护部门干部管理体制进行调整。这次调整决定："对地方各级环境保护部门领导干部实行双重管理体制，以地方党委管理为主，上级环境保护部门党组（党委）要按照有关规定和干部管理权限积极配合，协助地方党委做好下级环境保护部门干部管理工作。"[⑥]这

---

① 中国机构编制网："1994 年地方政府机构改革的情况"，http://www.scopsr.gov.cn/zlzx/zlzxlsyg/ 201209/t20120920_182784.html。

② Jahiel, Abigail R., "The Organization of Environmental Protection in China", *The China Quarterly* (Special Issue：China's Environment), 1998, 156：773

③ Vermeer, Eduard B., "Industrial Pollution in China and Remedial Policies", *The China Quarterly* (*Special Issue：China's Environment*) , 1998, 156：952-985.

④ 《中国环境年鉴》编委会：《中国环境年鉴 (1996)》，中国环境年鉴社 1997 年版，第 242 页。

⑤ Jahiel, Abigail R. "The Organization of Environmental Protection in China". *The China Quarterly* (Special Issue：China's Environment), 1998, 156：773.

⑥ 《中共中央组织部关于调整环境保护部门干部管理体制有关问题的通知》(组通字〔1999〕35 号)。

个规定使地方环保部门受制于地方政府，同时也表明了在地方层级上，环境治理的工作成为地方经济发展的附庸。即使中央政府不断地努力去加强环境治理架构的完善，这个规定也相当大程度地抵消了中央环境治理努力，在国有企业改革以及鼓励乡镇企业和民营企业的氛围下，经济发展的利益与环境保护的利益在各地区冲突严重，使得"九五"和"十五"期间污染问题不断恶化，环境问题日益突出。

四、环境治理建设的强化阶段（2006 年至今）

在"九五"和"十五"期间，环境问题不断恶化，中央制定的治理任务没有完成，主要的污染物排放超出了环境容量；环境治理的力度滞后于经济发展的局面没有得到根本性的改变，创立历史较短的环境治理体系在各个地方运行不佳。于是在这个阶段，中央政府制定更为强硬的措施来应对这一局面。

从环保机构建设来说，2006 年国家环境保护总局正式成立 5 个区域环境保护督查中心，代表中央政府环境保护行政主管部门在地方行使监督管理权。这种改革试图加强对跨界环境问题的处理力度以及克服中央与地方环境信息不对称的问题，这种管理体制强化了中央对地方的控制，是中央政府为更好贯彻环境保护政策而实施的组织手段。2008 年，国务院再次进行政府机构调整，成立环境保护部，使中央政府环境保护部门第一次进入国务院组成部门的序列，能够参与国务院重大决策。对于这种再次升格，虽然有评论认为对环保机构解决问题的能力没有太大的影响，但这种升格至少反映了中央环境保护意志的强化趋势[1]，并且加强了中央层级环保机构的能力。

中央政府对环境治理的决心还体现在官员目标和考核制度调整上。2006 年公布的《体现科学发展观要求的地方党政领导班子和领导干部综合考核评价试行办法》增加了"可持续发展"的指标。原国家环保总局也与全国的 31 个省人民政府签订"十一五"水污染物总量削减目标责任书，并把责任书的完成状况纳入领导干部政绩考核的内容。虽然在"十一五"规

---

① 夏光：《增强环境保护部参与国家综合决策的能力》，《环境保护》2008 年第 4A 期。

划中并没有对"约束性"进行定义，这个"约束性"指标是否等于"一票否决"的指标还有待进一步的实证研究，但是许多评论都认为，这体现了中央政府"自上而下"开始对地方官员在环境治理行为的监督，而且官员的考核制度上，环境保护的比重也逐渐加强。①

在国家环境保护"十二五"规划中，中央政府在第九条强调"要把规划目标、任务、措施和重点工程纳入本地区国民经济和社会发展总体规划，把规划执行情况作为地方政府领导干部综合考核评价的重要内容。国务院各有关部门要各司其责，密切配合，完善体制机制，加大资金投入，推进规划实施，并在 2013 年底和 2015 年底，分别对规划执行情况进行中期评估和终期考核，评估和考核结果向国务院报告，向社会公布，并作为对地方人民政府政绩考核的重要内容。"这体现了"自上而下"环境治理的决心进一步加强，并且地方政府"重发展、轻环保"的考核体系逐渐转变。

在法律法规的完善上，这一阶段最为明显的里程碑就是 2015 年《中华人民共和国环境保护法（修正案）》的开始实施。这部被称为"长出了牙齿"的法律与原有的《环保法》有着鲜明的特点：一是确立了"保护优先、预防为主、综合治理、公众参与、损害担责"的原则；二是推动建立基于环境承载能力的绿色发展模式，建立多元共治的现代环境治理体系，完善了生态环境保护与环境污染防治制度的体系；三是增加了环境信息公开和公众参与制度，强化了政府、企业、公民的义务与责任。②令人欣慰的是，在新《环保法》的推动下，公民的知情权、参与权、表达权和监督权得到了制度化的完善。各大法院也大力推荐司法信息公开，畅通涉及环保议题的案件受理渠道，明确了主体资格，鼓励社会组织提起环境民事公益诉讼③。这对实现国家环境治理体系与能力的现代化具有促进的作用。

此外，中央政府还对环境治理财政投入制度进行了一些调整。在 2006

---

① 如广东省 2008 年推行的《广东省市厅级党政领导班子和领导干部落实科学发展观评价指标体系及考核评价试行办法》就把生态环境的指标加重到 30%，其中包含对"森林覆盖率""耕地保有率""空气质量优良天数""污染物总量减排""人均绿地面积""污水处理率"和"生活垃圾无害化处理率"进行考核。

② 吕忠梅：《"环境保护法"的前世今生》，《政法论丛》2014 年第 5 期。

③ 李波主编：《中国环境发展报告（2016—2017）》，社会科学文献出版社 2017 年版，第 31—32 页。

年以前，环境保护的财政支出被划分在各个不同的预决算支出科目。过往分步式预算科目设置体系使得各级人大较难对政府在环境保护上投入的情况进行监督，资金使用的效率也无章可循，同时增加了环境保护财政投入量的随意性，因为环保部门要与建设部门、林业部门、农业部门和水利部门争夺相关的财政资源分配，能力建设和项目的资金往往得不到保障。2006 年，财政部修改了政府收支分类科目，合并了相关的环境保护的支出科目，增加了"环境保护"功能分类，改变过往环保财政支出的分布式预算科目设置，试图克服上述的问题。同时，中央政府加大对地方环境治理投入的资金支持（见图 2-1），除了国债项目的资金支持以外，"十一五"期间还增加了许多资金专项，中央财政设立了"三河三湖"以及松花江流域水污染治理和城镇污水处理设施以及配套管网"以奖代补"的专项资金，据统计投资额达百亿元。同时对农村环境治理也实行"以奖促治"的政策，仅在 2008 年至 2011 年，中央财政共安排 80 亿元。[①]

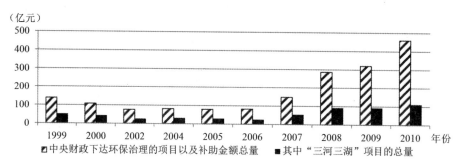

图 2-1　中央财政环境治理专项及补助金额

注：以上资料统计根据《中国环境年鉴（2000—2010）》中关于"规划、计划与投资"的数据并进行加总处理。

---

① 中华人民共和国中央人民政府网站，"环境保护状况"，http：//www.gov.cn/test/2012-04/10/content_2110072.htm。

第二节　分权下的环境治理架构

分权化的改革是一种制度的调整，包含政治分权、行政分权以及财政分权。行政分权主要集中在官僚机构内部决策制定权的分配，世界银行把行政分权定义为，"将某种公共职能的规划、融资以及管理责任从政府以及代理机构向着政府机构在地方的分支、下属单位或者下属政府、半自治公共机构或者公司，或广义上的地区或者职能当局的转移"①。财政分权主要是指次级政府拥有支出和征税的权力，同时也包含支出和征税责任的转移。②因此，分权涉及上下级政府之间和政府部门之间围绕着政治与决策权、事权和财政分配而进行的权力和责任转移的过程。中国的环境治理体系包含环境管理体系的行政分权与财政分权。

一、环境行政管理体制的分权

环境的行政管理体制指各级政府及其职能部门以权力分配关系为核心，根据行政职能进行分工，并履行相应的行政管理职责和发挥应有功能的制度安排，这主要涉及中央与地方政府，上级政府与下级政府在环境治理上所赋予的职责、权力和所发挥的功能。中国虽然不是实行联邦制的国家，但是在很多公共服务的提供或者行政职能的功能上，带有一定"联邦主义"的色彩，甚至有学者认为中国是实行"行为的联邦制"（*de facto federalism*）的国家，这种制度介于地方自治制度和欧美国家的联邦制（constitutional federalism）之间，可以理解为在单一制国家里，制度放权模式下的有限的地方自治制度。在这种模式下，中央政府是省政府的上级机关，但省政府具有一定的自主权。中央与省级政府之间可以进行或明或暗的讨价还价，

---

① http：//www1.worldbank.org/publicsector/decentralization/what.htm#1
② Schroeder, Larry and Naomi Aoki：《测量分权的挑战》，熊美娟译，《公共行政评论》2009年第2期。

中央给予各省常设的或特许的利益，以换取各省对中央的服从。这也适用于省政府和市县政府之间的关系。[①]

从 20 世纪 70 年代开始，中央政府开始环境治理的建设，但是由于仍然处于计划经济时代，所有的环保标准和管理制度在执行过程中都是通过"上情下达"的形式推行。随着改革开放不断地推进，80 年代起，中国的环境行政管理体系发生了变化，"环境联邦主义"的色彩越来越浓厚。1989 年，《环境保护法》第七条规定："县级以上地方人民政府环境保护行政主管部门，对本辖区的环境保护工作实施统一监督管理。"第十六条规定："地方各级人民政府，应当对本辖区的环境质量负责，采取措施改善环境质量。"地方各级政府充当着环境治理的主要角色，同时环境治理的责任也主要由地方政府承担。虽然中央政府负责制定与颁布环境保护的相关总体性法律、规章以及标准，但是相关的法律、规章以及标准都需要地方政府实施和执行，地方政府对于环境治理的决策和执行具有较大的自主性。随着"排放污染物许可证制度""污染限期治理制"与"污染集中控制制度"的实施，地方不仅拥有制定地方性环境法规的权限，还拥有环境管理的执行权、监督权和裁量权等。加上地方环保部门的业务活动很大程度上受到地方政府决策的影响，同时环境治理的投入很大程度上由地方政府来承担，中国便逐渐形成具有浓厚分权色彩的环境管理体制。这种分权色彩浓厚的环境管理体制广受诟病。易明（Elizabeth Economy）认为，中国的环境治理最大的障碍在于地方政府。中央政府给予地方政府在经济发展领域过多的自主性，使得中央政府难以控制地方政府的环保政策执行，地方官员往往拒绝把中央政府的环境政策完全适当地执行或者阳奉阴违。[②] 以水污染治理为例，有学者呼吁中央政府应该把水环境管理权从地方政府收回中央政府，实行环境管理体系的垂直领导或者更为中央集权式的管理体系，把环境管理从地方保护主义的泥潭中挽救出来。[③]

---

① Zheng, Yongnian, *De Facto Federalism in China：Reforms and Dynamics of Central-local Relations (Series on Contemporary China)*,World Scientific Publishing, 2007, pp.13-17.

② Economy, C. Elizabeth, *The River Runs Black: The Environmental Challenge to China's Future*, Cornell University Press, 2010, pp.23-29.

③ 程绪水：《流域机构在应对重大水污染事件中的责任》，《治淮》2006 年第 5 期。

二、财政分权与中国的环境治理投入体系

1978 年以前，中国实行高度集中的计划经济管理体制。"文革"结束后，中央政府出现巨额的赤字，迫于财政压力，中央政府进行了"自上而下"的财政体制调整，推行分权化改革，在全国范围内推行以"财政包干制度"为特征的分级财政体系，旨在激励地方政府追求财政收入的积极性。财政包干制事实上是把财权和事权同时下放给地方政府，通过"甩包袱"的方式提高地方政府对财政收支的敏感度，从而激励地方政府追求财政收益。这个制度允许省政府在完成一定少缴额定基数后，占有剩余的税收收入，这促使地方政府通过发展地方经济扩大税收来取得剩余的财政收入。财政包干制使得地方政府对于本地财政可支配范围加大，造成地方的强势，而相应地出现中央弱势的格局。中央政府的财政汲取能力下降，带来许多可能出现的公共风险，弱势地位使得中央政府的一些职能难以正常履行。[1]1994 年是中国财政体制史上的一个分水岭，为了扭转包干体制造成的过度分权和提高中央预算在总预算中的比例，当年实行了分税制改革，明确划分不同层级政府的财政资源，将税收分为中央税、地方税和共享税[2]，同时中央政府开始通过财政转移支付来消除地方政府的赤字。分税制改革最直接的结果是中央政府先前所产生的财政困境得到极大改善，而许多地方政府却陷入了财政赤字。[3]分税制改革其实是对过度财政分权的一次集权的努力，"财权上收"使得中央政府在财政再分配中的角色再次提高。然而，分税制改革中并没有减少地方政府的财政支出，在财权和事权不对称的状况下，地方政府的财政赤字日益严重，财政缺口也日益增大。省级政府也通过相似的逻辑把省本级政府承担的财政压力转给下级政府。[4]国务院于 1995 年发布的《预算法实施条例》对此做了明确的授权："县级以上地方各级政府应当根据中央和地方分税制

---

[1]　王绍光、胡鞍钢：《中国国家能力报告》，辽宁人民出版社 1993 年版，第 39—45 页。

[2]　其实施办法包括：第一，增值税和消费税作为主要收入来源，用统一的分税制度取代以前固定上缴的办法，增值税的 25% 属于地方政府、75% 属于中央政府，下一年增加部分的 30% 留归地方政府所有；第二，中央企业主要是国有大型企业的所得税属于中央预算，其他企业的所得税属于地方预算；第三，低收入项目如个人所得税、一些财产税等属于地方预算。

[3]　阎坤、张立承：《中国县乡财政困境分析与对策研究》，《经济研究参考》2003 年第 90 期。

[4]　周飞舟：《分税制十年：制度及其影响》，《中国社会科学》2006 年第 6 期。

的原则和上级政府的有关规定，确定本级政府对下级政府的财政管理体制。"
据此规定，地市和省级政府都有权在自己所管辖的范围内进行财政收支安
排。省级政府有权决定本省内各级政府之间（省、地和县）的财政关系，地
市级政府有权决定本市内各级政府之间（地和县）的财政关系。因此，省以
下财政分权其实也参照分税制的模式进行。

（一）分税制下政府主导的环境治理投入体系

分税制并没有把地方政府环境治理投入的责任也上收，而地方政府的
财政投入依然是地方环境治理投入的主要组成部分。名义上，中国环境治
理投入的主体是多元的，其中包括各级政府的财政投入，污染者和其他营
利性机构[①]（见表2-1）。然而，在中国的现实中，环境保护的投入主导角色
依然由政府来扮演。[②] 从中国环境治理投入的分类可以看到，政府的财政投
入是环保资金的主要管道。

一般而言，环保支出主要可以分为两部分：一部分是环境保护机构能
力建设的开支，主要是各地方环保局的行政、监督执法、监测、信息、科
研、宣传教育、放射性与危险废物管理以及自然保护区管理的费用；另一
部分就是环境保护项目资金的支出，通常包括污染治理的项目、节能减排
的项目、生态保育和生态复修的项目以及一些中央和省规定的与环境保护
相关的财政补贴专项支出。

表 2-1   中国环境保护投入分类

环境保护领域	投入的主体	投入的形式	资金的管道
环境管理执法能力建设	各级政府	财政拨款	财政投入、排污费使用[③]

① 污染者是按照"谁污染谁治理"或"污染者付费"的原则方式进行环境保护资金投入。在
"受益者负担"的原则上，营利性机构对污染防治设施的建设和运营进行投入。

② 中国环境与发展国际合作委员会：《给中国政府的环境与发展政策建议》，中国环境科学出
版社2005年版，第252页。

③   2003年之前，地方政府可以把收缴的排污费的20%用于环保部门的自身建设；但是2003
年以后，排污费要纳入财政预算，开始实行"收支两条线"，列入专项资金的管理，用于环境污染
防治。具体规定请参看《排污费征收使用管理条例》（2003年国务院令第369号）和《关于环保部
门实行收支两条线管理后经费安排的实施办法》。

工业污染防治	污染企业 各级政府	"三同时"建设资金（基本建设资金的 6%）；企业自身排污设备资金①；政府的环保专项资金、环保补助资金以及财政补贴②	企业：自有资金、商业融资贷款； 政府：排污费使用、财政投入
生活污水与垃圾处理	各级政府 专营企业	各级政府的环保专项资金；财政补贴；企业建造运用的费用	各级政府：财政、使用者付费； 企业：自有资金、商业融资贷款
自然保护区保护	各级政府	财政投入、环保专项资金	财政投入
生态修复与生态建设	各级政府	财政投入、环保专项资金	财政投入
农村污染源与环境保护	各级政府	财政投入、环保专项资金	财政投入
跨流域环境治理	各级政府 污染企业	财政投入、环保专项资金、企业和国际组织治理的资金	财政投入、排污费使用、国际援助和贷款；民间或者国际资本、自有资金、商业融资贷款
国际环境条约履行	中央政府 相关责任方	财政投入	财政投入； 国际援助和贷款

　　许多文献都表明，各地方的环境保护投入长期不受重视。从中央预决算支出科目划分而言，2006 年以前，在相关的环境保护财政支出被划分在各个不同的预决算支出科目，并不像"科教文卫"支出作为一个独立的支出科目。2006 年以前，环境保护的支出被分散划分在"基本建设支出""科技三项费用""工业交通事业费""行政管理费"和"专项支出"

---

　　① 企业其中的"更新改造"投资中至少有 7% 用于污染防治投资，而企业应该优先把"更新改造"投资用于污染防治。企业还可以利用"综合利用利润留成"的资金用于企业的污染治理上。"综合利用利润留成"指代工矿企业用于污染治理和资源综合利用方便所获得的利润，5 年内无须缴纳所获得利润的税收，并且所得利润部门用于污染处理和综合利用的在投资，在污染处理项目中，也可以享受相应的免税政策。

　　② 在 2003 年以前，排污费中的 80% 作为其他的污染处理补助金返还给企业；而 2003 年以后，排污费变为专项资金管理，变成环境污染治理专项，可供企业申请，不能用于环境卫生、绿化以及与污染防治无关的项目。

中①，也有部分被分列为预算外支出。2006 年后，财政部修改了政府收支分类科目，合并了相关的环境保护的支出科目，增加了"211 环境保护"分类（见图 2-2）。这改变过往环保财政支出的分布式预算科目设置，从财政信息透明的角度而言，使检视各级政府对于环境保护财政投入的重视程度成为可能，同时也规范了排污收费制度这种非税收入的管理。

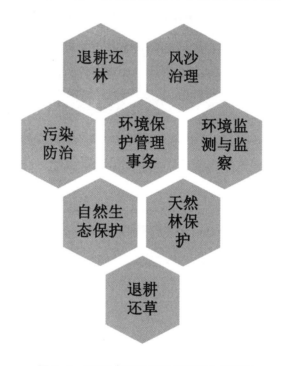

图 2-2　2006 年后环境保护支出分类明细

资料来源：根据政部条法司编：《关于编报 2007 年财政预算的通知》，《中华人民共和国财政法规汇编（2006 年 7 月—2006 年 12 月）中册》，中国财政经济出版社 2007 年版，第 649—697 页。

---

① 其中专项资金的支出分列在"基本建设支出"中"农林水等部门"；"农业支出"中的"农业资源和环境保护"；"林业支出"中的"自然保护区与动植物保护""天然林保护""退耕还林"与"森林生态效益"；"专项支出"中的"排污费支出"和"水资源费支出"。环境保护的科研费用分列在"科学支出"中。环保机构能力建设的支出分列在"农业支出""林业支出"和"水利和气象支出"中的"行业管理"专项。

（二）省以下政府环境治理财政支出分析

一般而言，地方政府环境保护财政支出的来源主要有三部分：一是"行政事业性收费"，主要包括排污费的自留部分和行政性罚款；二是中央和省对地方环保专项资金，这一部分以专项转移支付的形式给付；三是地方政府的财政盘子。

排污费实行分级征收管理制度，中央部署、省属、部队和外省、市所属的排污单位的排污费，由省环保部门直接征收或按年度委托设区的市环保部门代收。设区的市属排污单位的排污费，由设区的市级环保部门征收，县（市、区）属以及县（市、区）属以下排污单位的排污费由县（市、区）环保部门征收。对于排污费而言，由于"收支两条线"的管理，地方环保部门理论上不能截留和挪用收纳的排污费，征收的排污费一律解缴财政，而环保部门的各项经费支出应该由相应级别的地方政府财政预算支付。地方商业银行代收排污费后，商业银行按照规定的比例分别解缴中央国库和地方国库。地方按照一定的比例解缴省和中央，自留的部分要用于环境污染治理的专项支出。广东省的调研发现，省以下政府收取的排污费 10%—20% 解缴中央政府，5%—10% 解缴省政府，而省以下政府自留 70%—80% 用于各项环保支出。理论上，排污费的征收使得环境保护机构的能力建设有了稳定的资金来源，然而令人尴尬的是，许多实地调查报告却发现，排污费自留用于环保机构能力建设的部门远远不足以涵盖环保机构能力建设的支出，即使环保部门截留和挪用排污费，环保支出的各项经费缺口也较大。2003 年，国家对排污收费进行改革，实行"收支两条线"，厦门市环保局每年的业务费减少了 2000 多万元，占该环保局业务经费的 2/3。[1] 基层环保部门的经费处于一种较为紧张的状态，据统计，2004 年全国环保系统的经费缺口率高达 40.1%。[2]

除了排污费以外，中央和省政府对地方的环保专项资金也是地方环保财政支出的来源之一。在市级环保支出中，支出数额最大的为项目的支出。通常这些项目都会圈定国家或省级环保专项。环保专项的内容主要是

---

① 章轲：《一个地方环保局长的心声：不是"不作为"而是"无法作为"》，《第一财经日报》2005 年 1 月 25 日 A 03 版。

② 陈斌等：《环保部门经费保障问题调研》，《环境保护》2006 年第 11B 期。

国家以及省环境保护规划计划的重点项目、重大的研发项目、环境监管能力建设项目、生活垃圾处理项目、河流综合整治项目、生态建设项目以及重点区域流域环保需求的项目等。市级的专项资金项目多数属于地方项目。

中央与省财政会把解缴的排污费作为专项资金"返还"给地方政府。每年的预算季度，国家环保部和其他部委都联合制定一份中央"环保指南"，并且下达各省和直辖市、自治区，指南中包含下一年集中解决的环保问题，如污水治理和减排。然后各省根据自身的情况下各地级市地区下达中央"环保指南"，并且在规定时间内，各地级市根据自身情况，通过省相关部门申报中央相关的环保专项资金。省财政厅和环保厅对申请进行审核并"选择性"地上报中央。据了解，专项资金部分来源于地方解缴中央的排污费。各省也会下达该省"环保指南"，然后各地级市可以根据自己的情况，申请相关的专项资金，这笔专项资金的少部分来源于解缴省的排污费，大部分来源于省级的财政拨款。[①] 通常而言，由地方项目单位向市县环保和财政部门提交申请，初审后联合上报省环保厅和财政厅。地级市的市属项目原则上限报3个，县属项目原则上限报2个。汇总所有申报项目后，省环保厅连同省财政厅对申报项目进行考核，对部分重大的项目组织专家的评审，有需要的情况下还会进行现场考察，审核完毕后制定资金安排方案，获批后由省环保厅会同省财政部门下达补助项目计划，省财政厅下达补助资金计划。

地方政府的财政投入究竟在地方环境治理财政总支出所占的分量如何？通俗地说，地方政府财政需要投入多少资金进行地方环境保护呢？以美国为例，在1980年以前45%的地方环境保护财政投入来源于联邦环保部门的Grant-in-Aid（财政补贴），以便于激励地方政府在环境治理上投入。[②] 由于中国的环境保护专项资金的统计资料缺乏，加上排污费的资料统计也不全，无法得出一个全国性分析结果。然而，广东省和福建省的调研以及对于相关支出资料的整理，一定程度上揭示地方政府的财政投入占地方环保财政总支出的比例。从表2-2可以看到，即使是保守的估算，省以下市县政府纯财政投入也占环保财政总支出的64.183%。对于地方政府而言，即

---

① 以上的信息均来自于广东省的访谈（访谈编号 G20120802a）。

② Wood, B.D., "Federalism and Policy Responsiveness: The Clear Air Case.", *The Journal of Politics*, 1991, 53: 851-859.

使有上级政府的专项支付以及排污费等行政性收费的资金补充，比起省与中央政府的投入负担，省以下政府依然充当着最大的财政投入者，负担也较重。表2-3统计了福建省 Z 市的环保财政来源分类，Z 市是一个重工业的城市，减除来自上级政府的补助、收纳的排污费以及其他行政费用，Z 市70% 的地方环境保护财政资金由 Z 市政府来承担。

表2-2　　　　　　　　　2009年广东省省以下环保财政分类明细

分类明细	金额（亿元）
省级环境保护专项总计	13.35
节能减排专项	2.5
淘汰落后产能专项	0.1
污水处理厂建设与运行补助专项	4.0
省环保专项资金	0.65
省珠江水质保护专项	0.4
治污保洁专项	0.4
农村环保专项	5.0
其他环保专项	0.3
中央环境保护专项总计	11.607
污染物减排专项	3.0
污水处理厂建设与运行补助专项	5.3
农村环保专项	2.097
自然保护区	0.03
其他	1.18
排污费收取（全省）	8.1
其环保相关行政性费用收取	2.1
省以下政府环境保护财政收入总计	35.157
省以下政府环境保护财政总支出	98.1577
地方环保财政净投入（初步估算结果）	63.0007
所占地方环保总支出的比例（%）	64.183

注：（1）广东省省以下政府环境保护财政总支出是各市的环保财政支出的总和，其中包含中央和省财政对地方政府的各项环保转移支付资金，但是不包括省本级的其他环保支出，数据源于《广东省省财政年鉴》。（2）广东省省以下政府环境保护财政收入总计＝省级环境保护专项总计＋中

央环境保护专项总计＋全额省排污费收取＋其他环保相关行政性费用收取。"省级环境保护专项总计""中央环境保护专项总计""排污费收取"与"其他行政性费用收取"的费用数据源于《广东省财政年鉴》《中国环境年鉴》，并由广东省财政的内部数据补充。（3）排污费与其他行政性费用收取原则上部分解缴上级政府财政，基于保守的估计，上级政府会把解缴的部分全数"返还"给地方政府。在理论上，这种保守估计会与中央和省的专项扣减造成重复计算，而这种初步的估算结果偏差对本节的分析是好的偏差（good bias）。

表2-3　　　福建省Z市2010年环境保护财政来源分类明细

支出明细	金额（万元）
排污费收纳	2266.379
其环保相关行政性费用收取	178.45
省的环境专项总计	3864
农村环境整治专项	2642
省饮用水保护专项	397
江河治理专项	75
省节能减排专项（包括污水处理厂建造）	750
中央环境专项总计	5620
中央农村环境整治专项	5000
能力执法建设专项	370
污水处理厂建造与运行专项	250
环境保护财政收入总计	11928.83
环境保护财政总支出	39766
地方环保财政净投入（初步估算结果）	27837.17
所占地方环保总支出的比例（％）	70

注：（1）除了环境保护财政总支出源于《福建省财政年鉴》，其他数据源于访谈过程中的内部数据。（2）环境保护财政收入总计＝省级环境保护专项总计＋中央环境保护专项收取＋排污费收取＋其他环保相关行政性费用收取。（3）排污费与其他行政性费用收取原则是部分解缴上级政府财政，基于保守的估计，上级政府会把解缴的部分全数"返还"给地方政府。在理论上，这种保守估计会与中央和省的专项扣减造成重复计算，而这种初步的估算结果偏差对本节的分析是好的偏差（good bias）。

三、环境保护职责分布与预算决策过程的主要参与者

在英文学术的语境下，"环境"的概念是与清洁空气、水、土壤、废物废水处理和自然资源以及野生动物保护相联系的。在中国的语境下，"环

境"还包括一些社会面向，例如生活环境质量等。[①]普通的民众认为，"环境"除了包括水、空气、土壤的质量以外，还包括许多生活设施的具体提供，例如垃圾处理、路灯、道路，有时甚至包括食物安全等方面。[②]受访官员形容环保财政支出的覆盖范围非常广，涉及的部门利益特别多，"环境保护"意味着"上管天（大气排放、空气质量、噪声），下管地（自然保护区、林业和农业环境、城市环境基础建设），还要管水（包括污水排放监察治理、沿海水质监察）"。环境保护财政预算还包括履行国际条约的义务以及职能部门的建设的投入。所以，环境保护领域本身是一个覆盖面非常广且议题多元化的政策领域。此外，环境保护机构在整个政府架构中属于比较"年轻"的部门，历史上的部门创立和改革使得其职责划分并不清晰，与其他职能部门在职责上出现重叠与不明确，加上政府内部权力结构的"破碎化"传统，环境保护职责出现"破碎化"的特征（见表2-4）。

表 2-4   "破碎化"的环境保护职责分布

	环境保护职责分布
各级环境保护部门	污染总量控制、环境监测与监察、环境保护行政许可、生态保护、自然保护区保护、放射性与危险废物管理、协调和统一管理
发展与改革委员会	减排、能源效率、气候变迁、低碳建设、参与生态保护与环境改善计划
经济和信息化委员会（市经贸委）	节能和循环经济、工业企业节能效率
住房和城乡建设部门（市政园林、水务局、市建委）	下水道排污、污水处理厂、建筑能源效率、城市环境基础设施建设
农业部门、林业部门	林业保护、农业污染源治理、生物多样性保护、生态修复、自然保护区保护

① Heberer, Thomas and Senz Anja, "Streamlining Local Behavior through Communication, Incentives and Control: A Case Study of Local Environmental Policies in China", *Journal of Current Chinese Affairs*, 2011, 3: 77-112.

② 相关的观察是基于笔者在2011年广东省的环境与健康在地知识及口述史调查，感谢China Environment and Health Initiative of the Social Science Research Council 与 the Rockefeller Brothers Fund 的资助（RBF/SSRC-CEHI/2010-03-07）。

	环境保护职责分布
水利部门	水资源保护、水质监控
国土资源部门	土地、矿产与海洋资源的保护、自然灾害的防治

注：以上信息根据广东省和福建省访谈哲理所得。

总体而言，环境保护的职能在横向配置上存在以下特征：一是职能相对分散，呈现"破碎化"的分布。自然资源和生态保护职能按资源门类分散到各个部门，尽管有助于根据资源的属性进行专业管理，但也与生态系统的完整性所有冲突，生态环境政策存在潜在的不协调、相互冲突的局面。二是开发与保护往往由一个部分管理，导致缺乏制衡的部门格局，容易产生"重开发、轻保护"的局面。虽然近年来保护优先的战略方针被提出，但是横向配置上的实践并没有完全落地。

纵向关系上，中国存在非常普遍的职责同构的现象。依照《环境保护法》的规定，地方人民政府应对本辖区的环境质量负责。因此，在中央与地方生态环境机构关系上，实行以地方政府为主的双重领导，地方生态环境部门的人事任命、财政预算均由地方政府主导，上级部门对地方部门只实行业务指导。

（一）环保支出决策过程主要的参与者

在"破碎化"的环境保护职责分布下，许多相关部门对地方的环境决策特别是环保预算决策具有发言权。从预算申请、预算分配、预算资源保护以及预算使用的角度而言[1]，预算决策过程中的主要参与者有市长、财政局、相关支出部门（主要是市环保局、市发改委与市建设部门）。

1. 市长与财政局

许多经验研究表明，市长对于预算的分配权往往起着决定性的作用[2]，而在环境保护支出领域也不例外。因此，如果市长认为有"亮点"的优先项目中包括环保项目时，环境保护支出往往能够得到不同程度的增长。所以环

---

① 这个识别方法参考 Schick 与马骏的研究 ——关于预算要素的划分与重构。请参考 Schick, A., *The Capacity of Budget*, Washington, D.C.: Urban Institute Press, 1990；马骏、牛美丽：《重构中国公共预算体制》（工作论文），2006 年。

② 于莉：《省会城市预算过程的政治》，中央编译出版社 2010 版，第 106 页。

境保护支出部门在预算申请上，往往在"亮点"上下功夫，把项目与政治政策大环境相协调，争取项目中具有多个"亮点"，以吸引市长的注意力。

作为核心的预算机构，财政局的职责取向主要有控制、管理、计划和政策。① 对于财政局而言，它们通常采用"人员经费按实际、公用经费按额定、专项经费视财力"的操作原则。对于环保局预算的项目申请，财政局会考虑上一个财政年度排污费的收纳情况而定。通常而言，排污费的入库是少于专项申请的支出，原因在于地方政府收取排污费的 15%—30% 要解缴到中央和省政府。然后中央和省政府把解缴的地方排污费变成专项资金下达回各地。因此，财政局是否批准专项项目，除了看地方排污费的"盘子"和地方财政状况，还要视该项目能否可以"圈定"中央和省足够的专项资金，减轻地方政府财政额外的"负担"。如果中央和省的专项资金配套充裕，财政局一般会批准该环保专项申请，原因在于项目可以"圈"更多的上级政府专项资金用于地方的环境保护治理。然而，现有中央和省级的环保类专项资金并不十分充裕，并且出现"省里只布置任务但不给钱"的情况。因此，环保专项往往不会排在优先次序，同时还会面临部分的削减或者拖延。②

2　市环保局

市环保局主要承担组织实施主要污染物总量减排的职责，负责开展环境监测与监察，排查辖区内企业环境违法的行为，对辖区内的污染排放颁发环境保护行政许可，统筹生态保护、自然保护区保护以及管理放射性与危险废物等。此外，市环保局还要接待群众的信访，并且在有效时间内进行回复和处理。受访的环保局官员戏称之为"环境大管家"，因为它被赋予"统一协调管理"的职责。市环保局在整个市级环保支出分配过程中有一定的发言权，毕竟市环保局是处理一线环境保护监管执法工作，并且部分专项经费直接下达到地方环保局，供其支配使用，例如环境监察专项经费、水源保护区监察经费、农村水源保护研究经费等；不过，大部分专项经费是通过地方环保局补贴给地方企业的，例如清洁生产企业补助经费、

---

① 于莉：《省会城市预算过程的政治》，中央编译出版社 2010 版，第 42 页。

② 访谈资料 A20120913c；对于这个现象，后文有详细的分析。

水污染防治工程、污染防治新技术新工艺开发等，同时许多企业"环保专项治理""环保专项补助"资金的申请和立项都需要通过地方环保局的这一关。总体而言，类似"专项治理"和"专项补助"的资金，基本上占据了环保局的部门支出的大部分（见表2-5）。据了解，这部分资金主要用于污染防治和工业化学需氧量（COD）减排的项目。受访的官员也透露，工业COD减排的专项资金通常通过环保局下达企业，因此工业COD减排的专项资金分配上，环保局有一定的"发言权"。[①]

表2-5　　　　A市环保局部门经费概况（2009—2012年）　　单位：万元

	2009年	2010年	2011年	2012年
部门支出总数	22947.05	18604.8	27896.42	19418.6
基本支出	4795.45	5880.58	7898.77	8603.7
项目支出	18151.6	12723.5	19958.14	10814.9

注：以上数据由调研城市的环保局提供。

3. 市发改委

市发改委之所以在市环保决策以及预算决策过程中有发言权，源于它是计划经济时代保存下来的最后一个综合性协调和决策部门。市发改委一直负责市政府的财政性建设资金、项目资金以及许多国家与地方预算内的专项资金，同时还会编制全市重点建设项目的计划并组织实施，因此部分环境治理的专项建设也会经过发改委来统合到地方的经济和社会发展计划中。发改委之于财政局，充当着"准预算部门"的角色。此外，发改委还被赋予一些环境保护的职责，如减排、气候保护、生产改造以及节能评估等。因此，发改委在"减排"预算支出上最具发言权。在"十一五"期间，COD和二氧化硫的减排同属于最重要的减排指标。其中，二氧化硫减排共同属于环保机构和发改委职责范围。但是发改委与环保局在减排资金分配的发言权是"不对等"的。早在2007年，国家发改委和环保部联合发布《现有燃煤电厂二氧化硫治理"十一五"规划》，铁腕般的气势要求燃煤电厂安装烟气脱硫设施，处理二氧化硫减排的问题。受访的财政局官员表示，

---

① 访谈资料A20120921a。

发改委掌握对燃煤电厂二氧化硫减排资金分配的决定权，而这部分决定权连财政局也干涉不了。[①] 环保机构只负责协调二氧化硫减排的事宜以及监测排放的数据收集，其获得二氧化硫"减排"的财政资源也仅仅用于资料监测和能力建设，并没有掌握类似发改委大量资金下达相关企业，进行脱硫设施的建设和改造。[②]

4. 市建设部门

地方相关的建设部门以市建委以及水务局为主。这类部门主要负责城市建设的责任，指导城市供水、节水、燃气、污水和生活垃圾处理等市政公用设施的建设。建设部门在环境保护支出上的"发言"主要体现在污水处理厂和污水管网的建设中以及城市公共设施节能效应方面。在整个"十一五"和"十二五"的 COD 减排计划当中，污水处理厂的建设可谓对地方政府减排达标做出了很大的贡献。在"十一五"规划中，城市的生活污水已经占据污水排放的一半以上，每个城市为了完成全年的减排目标，都建设污水处理厂以及污水管网，认为其是最快捷而且最为有效的方法。2012 年 6 月，广东省召开污染物总量减排推进工作会议，把增加城镇污水处理率作为减排实施方案的核心。因此，在这种减排的"历史机会"下，S 市的水务局以及城建委趁着这个"机会之窗"来增大部门的利益，占据更多的财政资源分配权。[③]

（二）市级环保支出的决策过程

市级环保支出的结果通常由各个支出部门中关于环保领域的支出统筹而成。经过 4 个城市的调研后发现，市级环保支出决策过程通常按照"两上两下"的程序进行。

1. 准备阶段

在这一阶段，市政府向财政局、发改委以及各职能部门提出下一年度的工作重点和发展意向。每年 7—8 月，市财政局都组织召开预算工作会议，指导各部门开展预算编制工作，将编制预算的要求以及工作重点知会各部门，在这个准备阶段，环保工作的重点和意向的传达通常也会结合中

---

① 访谈资料 Z20121009a。
② 访谈资料 Z20121008h。
③ 访谈资料 S20121107b。

央以及省的"环保指南"进行。

2. "一上"

每年的8—9月，各预算部门都开始预算编制工作。以环保局为例，项目支出计划的编制首先按照政府工作的总体思路，先急后缓，通常考虑"环保指南"中的项目，因为较为容易圈定上级的专项资金而得到市长以及财政局的批准；其次，预算的编制还考虑环保局现有的工作需要，社会反映较为强烈的议题、市人大提出的实施方案、长远（通常是五年计划）的减排目标以及民生迫切需要的项目等。经过综合的考虑，项目按照轻重缓急排序，并列出项目的可行性报告报送给分管领导审议，由局长办公会议来讨论审定。局长办公会议通常关注重点项目的资金安排，以及与上年相比有没有大幅度的增长，因为"中央或省领导要求做的项目，尽量多要钱，多捆绑些小项目"。同时局长办公会议也关注影响面较大的环保项目。经过局长办公会议审议后，在每年的9月底前，预算建议计划上报市财政局。

3. "一下"

各个预算部门的支出建议计划由财政局的业务处室进行审核，其中环保项目支出通常由经济建设处来审核。经济建设处在"砍项目"的时候，主要依据项目的三个方面：第一，是否符合国家的环保规划以及省、市政府的工作重点和优先项目；第二，是否有明确的绩效目标和实施方案；第三，是否有中央、省政策的支持以及财政资金的保障。通常而言，对于新增的项目，会更加严格地审查，稍微不符合以上三个方面，就很容易被砍掉。因此，在计划审核过程中，环保局经常与业务处室进行密切的沟通，想尽一切办法突出项目的迫切性以及可行性，增加项目的通过和减少项目预算削减的可能性。在项目支出审核完毕之后，预算计划交给预算处进行统筹与平衡，即在综合考虑财政收支的状况下，进行综合平衡。如果财政条件允许，就多上几个环保项目，如果财政比较吃紧，就少上几个。通常而言，即使经济建设处审核通过的项目，也会被预算处挤掉几个，原因在于财政资源永远处于有限的状况，因此只能满足优先与最紧迫需要的项目。全部项目审核完以后，预算处汇总上报经过审核的"一下"预算数据，并形成预算草案，经过财政局党组讨论之后，向市政府领导进行报告与审定。市长办公会议对草案进行审定，并且对相关的项目加以调整。根据市政府领导确定的预算数，预算处以及各业务处与预算单位充分协商后，10月中下旬向各支出部门下达的预算控制数。

4. "二上"

支出部门（如环保局）对环保预算控制数如果不满意，可以与分管领导（通常为副市长）进行沟通，并且通过分管领导与财政局协调解决，或者在市长办公会议上提出相关不满，试图突破控制数，及时对"一下"的预算计划进行调整。这个协调和沟通的过程实质上是不断地推销被挤掉方案的重要性以及迫切性。每年的11月中旬，各部门都依照财政局下达的预算控制数来编制部门的预算草案，报送财政局。

5. "二下"

财政局收到各预算部门的"二上"预算草案计划后，由预算处以及业务处室进行审核，对于突破"一下"控制数的部分进行重新审核，提出审核意见，交给财政局领导讨论和审定，并且根据意见制定完整的市级部门预算的草案，上报市政府领导，并且必须经过市政府常务会议的讨论。在这个过程，市政府领导（主要是市长）在常务会议上主要关心自己工作的重点有没有落实在预算安排上，一般不会对具体支出进行调整，环保部门以及分管领导也会在常务会议上进行推销被挤掉的项目，经过反复的沟通和修改，最后市政府审议通过市级预算草案，报市人大财经委、人大常委会讨论审议。

每年的12月中旬到市人大代表会（以下简称"人大"）召开之前，市人大常委会以及财经委都对草案进行初步的审查，并且与环保预算相关的部门进行了解、沟通和联系，甚至到财政局和其他职能部门进行视察，了解编制的情况，最后提出初审的意见。在这个过程中，市人大常委会以及财经委主要关注"人大"的议案、建议、国家和省的环保工作重点以及社会普遍反映的环境问题有没有在预算草案上得到反映。财政局对初审意见进行解释和协调，必要时也会对预算草案进行调整。在每年的"人大"期间，政府都要向全体代表报告预算草案的编制情况，然后"人大"代表分组审议，收集"人大"代表的意见，并且研究讨论，形成预算草案的审查报告。审查报告提请大会主席团审议通过之后，大会预算审查机构起草批准预算的决议，并由全体会议表决。"人大"批准预算草案之后，将部门预算正式批复给各部门，即"二下"。

第三章　文献回顾与地方污染治理行为的现状

　　许多研究中国环境政治的学者都注意到中国政府环境治理行为中存在一种现象：一方面，中央政府以及领导人已经意识到环境领域存在严重的问题，并努力制定一套完备的制度和法律框架，试图在环境保护领域上有所突破，寻求可持续发展的道路。中央政府不仅设立了环境保护的专职部门，环境管理的机构从中央扩展到省、市、县和乡村一级，并且积极参与国际的环境保护的活动；另一方面，中央一级所产生的环境治理动力却在多维的国家结构中消耗殆尽，许多环境保护的政策实践未能产生预期的效果，许多地方政府以及官员普遍对环境治理并不热情，甚至以牺牲环境为代价来发展经济。许多学者把这种现象称为"环境治理困局"，以描述地方政府的环境治理行为。[1] 因此，在现有的文献中地方政府环保治理行为通常被贴上"缺乏积极性""不作为"以及"奉行不出事的逻辑"[2] 的标签。

　　环境治理行为属于政府行为范畴之一，因此现有的文献对相关政府环境治理行为的解释通常都回归到中国地方政府行为的理论中寻找答案。本研究首先考察现有的文献是如何描绘和解释地方政府环保治理行为的。

---

　　① Ran Ran, "Perverse Incentive Structure and Policy Implementation Gap in China's Local Environmental Politics", *Journal of Environmental Policy & Planning*, 2013, 15(1): 17-39.

　　② "不出事逻辑"首先由学者贺雪峰和刘岳提出，他们观察到在费改税后，农村基层政府的治理能力大为削减，由于面临"夹心饼"式的压力体制，基层政府在地方治理中采取消极和不作为的逻辑，策略主义的逻辑以及有问题消极不作为的"捂盖子"行为。简单而言，社会治理的任务被地方政府"简约"为维护社会稳定，只要这条"底线"稳定，即不发生冲击地方稳定的重大事件或者即使出现重大事件但没有吸引上级政府的关注，基层政府在相关社会治理领域就继续保持不作为、消极的治理方式。

第一节　中国地方政府行为的几种解释

经济学、社会学以及政治学学者都对当代中国地方政府行为进行了不同角度的研究。在政治学界中，决策过程视角往往关注于部门间的利益协调和决策主体破碎化导致的决策结果，进而影响政府行为。新制度主义的视角往往偏重于制度结构对于政府行为的影响，特别强调利益的结构以及官员个人偏好对于政府行为的影响。经济学的外部性视角则解释某些公共产品供给长期不足的原因。

一、"破碎化威权主义"的视角

在中国的政策制定、资源分配以及政府行为的研究当中，中国政府的科层体制很早就成为研究的重点。20 世纪 90 年代中期，一批关于中国科层组织和政治过程的研究纷纷出现，其中以李侃如（Kenneth Lieberthal）和兰普顿（David M. Lampton）的一系列论文和著作最有代表性。他们提出了"破碎化威权主义"概念（fragmented authoritarianism），认为"在中国政治体系下，权力的分布是分离的和不连贯的"①，这种破碎化的权力分布使得国家不再是铁板一块，国家体系内部出现了许多独立的利益主体，这个现象可以归结为中国科层制度的结构，并组成中国整个政府的治理体系。中国的政府治理体系划分了科层等级体系以及各级科层部门的职权分工，在同一个层级上，任何一个独立机构均无凌驾于其他机构之上的权威。② 在职权划分（the distribution of authority）上，中国是一个多层级的政治体制，体制中的每个政府部门都有一个指定的级别，而一个地域层面的政府内部包含数个行政级别。在这种体制下，同一个级别的单位不能向另一个单位发出有"约束

① Lieberthal Kenneth G. and David M.Lampton, *Bureaucracy, Politics, and Decision Making in Post-Mao China*. Berkeley: Oxford University Press. 1992,p. 8.

② Ibid.

力"的指令。从操作层面上而言，这意味着任何部委都不可以向任何省发出有"约束力"的命令，即便部委直属于中央政府，在组织坐标中位于各省之上。职权不仅要通过级别而且还通过职能获得实现。中国的政府被划分成许多履行不同职能的"系统"，而每个部委理论上都居于一个具有特定职能、在每一个地域层面都存在的政府机构之上，如国家环境保护部[①] 理论上处于省、市、县环保部门所组成的环保系统的最上级。通常而言，省、市、县环保部门名义上至少存在两位上级领导，即机构本身所处地域层面的政府领导以及环保职能部门中的高于本地区级别的部门领导。在这种治理体系下，职权的"垂直"线条（被称为"条"，即每一个政府层级的环保部门）和"水平"线条（被称为"块"，相应层级的环保部门产生于对应层级的政府）之间存在潜在的冲突。"条"是按照职能来搭配的，而"块"则按照属地需求搭配。李侃如认为，在这个体系中，"职能""地域"和"级别"致使"职权"破碎化。职权划分导致的结果是政策决策权被纵向和横向高度分割的决策部门与平台共享。同时，政策决策和实施过程中充满了不同部门之间的竞争和冲突，部门或系统之间反复的博弈和协商不可避免，一定程度上增加了交易的成本，造成部门主义以及协调难的问题。"条块分割"的政府治理体制造成环境治理的职权和责任配置不统一的问题，最明显地表现为职权多元化和责任分散化。淮河治理的相关研究认为，治理淮河的职权有多个，包括淮河流域水资源保护领导小组，河南、安徽、江苏、山东四省政府以及四省省以下的人民政府，各级政府的环保部门，水利部门等。这就造成职权多元化、"家家争权家家不负责"的局面出现。同一个领域的治理职权被段段分割，难以形成有效整体治理力量，流域内的地方政府和有关部门互相推诿治理的责任。[②]

　　李侃如认为，了解中国政府治理体系的系统动力是研究地方政府环境治理行为的关键，其中包含两个方面，职权划分（the distribution of authority）与激励结构（the structure of incentives）。[③] 就职权划分而言，

---

① 国家环保总局在 2008 年 3 月升格为国家环保部。

② 杨鹏：《中国环境保护为什么困难重重？》，（香港）《二十一世纪评论》2005 年 2 月第 87 期。

③ Lieberthal, Kenneth G , "China' s Governing System and Its Impact on Environmental Policy Implementation", *China Environment Series*, Washington, DC：Woodrow Wilson. 1997, p. 8.

中国改革至今呈现出一种"条条隶属于块块"的现象，致使地方政府变得更为强大，而中央层面的各职能单位（块块）对地方政府相关决策和行为缺少影响力，蹩脚难行。[①] 环保部门作为政府重要职能部门之一，其组织机构也体现中国行政组织的"条条块块"特点。国家环保部作为国务院环境行政的主管部门，对全国的环境保护事业进行统一的监督和管理，地方分别设立省、市、县环保局。在这一"纵向"关系下，下级环保局（所）接受上级环保局（部）的业务指导。与此同时，地方环保部门隶属于地方政府，具体负责本辖区内的环境管理。地方环保部门与地方政府之间就构成"横向"关系。然而国家环保部对地方环保部门没有任何人事的任命权和预算的决定权，地方环保部门的人事权由同级政府的党政领导来决定，其业务经费由同级政府提供。因此，在地方层级的环境管理、地方性环保法规、环境政策的制定与执行、环境治理的资金投入等方面上，地方政府发挥着主导作用，环保部门以及其环保职权的独立性并不高。

就激励结构而言，中央的改革者运用一套激励地方官员的机制和规则来实现中国经济的飞跃增长。每一个级别的政府都会赋予下属政府充分的灵活性，使下级政府能够促进经济的增长，从而维持社会和政治的稳定。同时，经济的增长、社会和政治的稳定反过来会给下级官员带来晋升的机会和其他方面的好处。因此，地方政府的主要官员变成了"企业家"，不断寻找辖区内经济增长最大化的机会。地方官员把自身看作既是政府的管理者又是企业家，而且所有级别的官员都大量涉足经济领域。在扩大本地就业和创造财富的政策激励下，地方政府将自身的环境部门发起环境治理行动的效果降到最低。因此，在这种职权条块划分和激励结构的设定下，充当企业家的本地官员往往控制着环境保护的治理权（因为他们控制环境官员的任免），短期的经济增长让位于长期的可持续发展。在多数情况下，这种治理系统两个方面相结合，地方保护主义对环境执法和环境治理进行干预，导致地方政府环保治理不积极甚至不作为的现象出现。

---

① Lieberthal, Kenneth G , "China' s Governing System and Its Impact on Environmental Policy Implementation", *China Environment Series*, Washington, DC: Woodrow Wilson. 1997, p.10.

二　财政分权与激励机制

在解释地方政府或官员的行为时，其面临的激励结构（the structure of incentives）或者激励机制（incentives system）往往是研究的重点。实际上，这与组织行为理论的基础相一致，把人当作目的性和追求目标的动物，人的行为受到其所面临的环境和所追求的目标的塑造和制约，因此了解激励机制对于了解个人和组织的行为十分重要。[①] "激励"本质上就是指激发人的行为动机、调动人的积极性的过程。对于政府行为的解释，新制度代表人物诺斯（Douglass North）认为："政府不是人们相互间的一种道德性结合，不代表最高的善，也不必然追求最大多数人的最大利益，政府是一个复杂的具有多重属性的实体，它是一个具有成本—收益的组织，和经济组织一样，都力图通过获取商业的好处而使主体的福利最大化。"[②] 诺斯认为，政治组织和经济组织都具有一系列的共同特征：第一，以规则和条令的形式建立一套行为约束机制；第二，设计一套发现违反和保证遵守规则和条令的程序；第三，明确一套能够降低交易费用的道德和伦理行为规范。[③] 政府的行为很大程度上受到决策者的意志和偏好的影响。决策者往往通过政府这一组织形式来追求和实现理性"经济人"的效用，努力以最小的成本获取最大的收益。对于决策者而言，效用偏好是多元的。因此，制度会"约束追求主体福利或者效用最大化利益的个体行为"[④]。政治科学中的新制度主义流派——历史制度主义认为，制度在规定和塑造政策偏好上的功能与诺斯的理性制度主义有相似之处。在既定的政体里，制度既能够塑造政治行动者的目标和偏好，又能够影响政治行动者之间的权力分配。[⑤] 历史制度主义认为，制度对于偏好的作用表现为限制人们的选择范围，框定人们的选择机会，在政治过程中，行动

---

① Clark, P.and J. Wilson, "Incentive System: A Theory of Organizations". *Administrative Science Quarterly*, 1961, 6(3): 129-166.

② ［美］道格拉斯·诺斯：《经济史中的结构变迁》，陈郁、罗华平等译，上海三联书店、上海人民出版社 1994 年版，第 18 页。

③ 同上。

④ 同上书，第 225 页。

⑤ Thelen, Kathleen and Sven, Steinmo, "Historical Institutionalism in Comparative Politics", In Kathleen Thelen and Frank Longstreth, eds., *Structuring Politics: Historical Institutionalism in Comparative Analysis*, Cambridge: Cambridge University Press, 1992, p.6.

者的偏好同时不断受制度的塑造。斯坦莫（Sven Steinmo）认为，制度对于政治生活有三个方面的塑造作用，包括决定何人能够参与政治活动的场所，塑造政治行动者的政治策略以及影响行动者的目标确定和偏好形成。[①] 所以对于历史制度主义者而言，政策制定行动者和影响者的偏好以及最终形成公共政策的偏好集合，都受制度的规定。因此，学界在新制度主义的分析框架下展开了对地方政府环境治理行为的讨论。对于正式制度如何塑造地方政府行为，尤其是环境治理的行为，财政分权施予地方政府的激励机制成为重点之一。

在许多研究中国经济增长和绩效的文献中，"中国式财政分权"被认为一个十分重要的制度因素之一。财政分权不仅为地方发展提供了经济的动力，基于财税激励的作用，而且促进了地区之间的竞争，导致中国经济的持续增长。[②] 伊斯特利（William Easterly）认为，"把激励做对"成为促进经济增长的重要因素。[③] 中国高速经济增长的背后无疑存在强大的激励机制和制度安排，而这些激励机制也必然具有很多中国式的特征。[④] 在财政激励方面，最具影响力的研究是温格斯特（Barry R. Weingast）和钱颖一等提出的"中国特色的财政联邦主义"理论[⑤]。该理论认为，在计划经济时代，中国实行高度集中的统收统支的财政管理体制，地方政府享有的自主性很小。分权改革使得地方政府具有较大的经济自主权，并随着"财政包干制"的实施，地方政府可以获得包干制度规定解缴数额以外的"财政剩余"，地方政府为此积极推动地方经济增长，以获得更多的财政收入。它们同时认为，

---

① Steinmo,Sven, "The New Institutionalism", in Barry Clark and Joe Foweraker, eds., *The Encyclopedia of Democratic Thought*, London：Routldge. 2001, p. 782.

② 请参见 Shah, A., "The Reform of Intergovernmental Fiscal Relations in Developing and Emerging Market Economies", *Policy Research Series Paper* 23,Washington , DC: World Bank, 1994.; Qian , Y. and G. Roland, "Federalism and the Soft Budget Constraint", *American Economic Review*,1998, 88(5)：1143-1162.

③ Easterly,William, *The Elusive Quest for Growth: Economists' Adventures and Misadventures in the Tropics*, The MIT Press, 2002, p. 23-32.

④ 周黎安：《转型中的地方政府：官员激励和治理》，上海人民出版社 2008 年版，第 17 页。

⑤ 主要包括Montinola et al., "Federalism, Chinese Style: The Political Basis for Economic Success in China", *World Politics*, 1995, 48：50-81; Qian,Yingyi and Weingast,B.R., "China's Transition to Markets：Market-preserving Federalism, Chinese Style", *Journal of Economic Policy Reform*,1996, 1：149-185;Qian and Roland, Gerard, "Federalism and the Soft Budget Constraint", *American Economic Review*,1998, 88(5)：1143-1162.

这是中国市场化改革的重要组成部分，因此行政分权与财政分权构成地方政府激励的重要来源。与此同时，有研究者认为，在分权的财政体制下，地方政府面临着硬约束（hard budget constrain），必须以更加合理的方式管理地方财政，由此获得地方财政收益的"产权保护"和支配权力。戴慕珍（Jean Oi）认为，自负盈亏式的财政体制提供了地方政府一个强大的逐利动机，在财政收益最大化的指引下，地方政府愿意和积极参与到推动经济发展，增加地方财政盈余的活动中，并且形成"地方国家统合主义"（Local State Corporatism）[①]。地方政府实质上扮演了"企业家"的角色，通过介入经济活动以及资源分配，而地方政府的行为明显具有"企业化"的特征。[②]

根据西方主流的财政分权理论，中央对地方的财政分权有利于地方的环境治理，其原因是地方政府对于当地信息的了解比中央政府（联邦政府）更加充分[③]，因为地方政府可以根据当地居民的偏好进行更为有效的环境治理。此外，由于地方政府之间的竞争关系，选民的压力以及市场的压力，地方政府会提供合意的环境质量，吸引自由流动的居民和资源。[④]然而财政分权对于正面激励地方政府提供相关的公共物品（如教育、医疗和环境保护）的机制，其发挥作用的前提在中国并不能存在。奥茨（Wallace Oates）和蒂伯特（Charles Tiebout）认为，财政分权能够改善和促进地方公共品供给的前提条件是居民可以通过"用脚投票"或者"用手投票"两种机制表达居民偏好。但目前中国的户籍制度以及选举机制并不提供符合正面激励效应的前提条件。

财政分权不但没有提供地方政府环境治理激励机制，反而，对地方环境治理带来不利的激励结构。地方政府"企业式"的行为导致不少地方政府为追求经济增长而忽视环境利益，甚至以牺牲环境为代价。1994年以后，中央与地方实行分税制，地方政府"企业化"行为得到一定的抑制，但是地方

[①]　Oi, Jean, "Fiscal Reform and the Economic Foundations of Local State Corporatism in China", *World Politics*, 1992, 45(1)：99-126.

[②]　Walder, Andrew, "Local Governments as Industrial Firms", *American Journal of Sociology*, 1995, 101：263-301.

[③]　Oates, W.E., *Fiscal Federalism*, New York：Harcourt Brace Jovanovich, 1972, pp.45-65.

[④]　Tiebout C.M., "A Pure Theory of Local Expenditures", *Journal of Political Economy*, 1956, 64：416-424.

政府在本地区经济发展中主体地位并没有改变，财政收入和经济增长依然是地方政府追求的目标。① 分税制实施后，财权向上集中，地方本级的财政缺口加大，形成"财权上收事权下放"的局面，造成政府层级越低、其"事权"越重，而与"事权"相配套的"财权"却不足的局面，有些地方政府甚至出现"吃饭财政"的现象。因此在分税制下，地方政府面临更多的财政约束，现行财税体制使地方追求充裕地方财政难度增大。由于财政收入的来源有限，作为"理性人"的地方政府，有充裕地方财政的动机，加上承担许多公共事务，在许多分配财政支出上，倾向于考虑创造更多的财政税收的事务，如经济建设类，或者一些紧急的任务，如医疗、养老、下岗工人安置等问题。环境治理就相应地被搁置一边或者安排的财力较少。

三、政治激励机制

中国的地方官员除了关注地方财政税收以外，也更为关心官场的晋升效应。官员的晋升标准源于一套严格控制官员行为的正式制度，即干部人事管理制度，而这种制度的根本原则是党管干部（nomenklatura）。在当代中国，通过干部人事管理制度，中央可以实现对官员行为的约束，使得官员的个人选择与中央追求的政策目标达到一致。② 发生在东欧的一些例子表明，分权式的政策使得地方政府获取更多的经济资源，从而使得地方领导者缺乏激励性来服从中央的指示。③ 然而在中国，政治集权下的干部人事管理制度与财政分权有机地组合，有效地解决了分权所带来的地方政府离心力的困境。中国式的财政分权不仅赋予地方政府较大自主性和权力，同时政治的集权也为维持中央对地方政府偏好的一致性，地方政府官员面临来自上级政府的纵向问责。李磊（Pierre Landry）把这一局面描述成"分权化的威权主义"，即中央政府赋予地方政府一定自主权的同时，通过构建相应

---

① 曹正汉、史晋川：《中国地方政府应对市场化改革的策略：抓住经济发展的主动权：理论假说与案例验证》，《社会学研究》2009年第4期。

② Huang Yasheng, "Managing Chinese Bureaucrats: An Institutional Economics Perspective", *Political Studies*, 2002, 50: 69-74.

③ Bunce, Valerie, *Subversive Institutions: The Design and the Destruction of Socialism and the State*, Cambridge: Cambridge University Press, 1999, pp.45-61.

的治理机制，形成对地方决策者的制约。[1] 干部人事管理制度通过一系列指标对下级政府主要官员的绩效进行考核。这些指标既包括一些难以被量化的软性指标，也包括可以精确度量的硬指标，如 GDP 增长和财税收入等，并且这类指标起着决定性的作用，还包括一些优先指标，如一些具有"一票否决"权力的指标。[2]

上级政府通过下级政府绩效考核的指标，使得下级政府的行为与上级政府的偏好一致。同时下级政府官员为了职业前景的考虑，把更多的资源和精力投放到上级重视而且比较容易出政绩的任务，而忽略那些上级给予权重较少而且难以衡量的任务。[3] 改革开放以来，推动经济增长是中央的工作核心，因此从省政府到基层政府，经济指标变成了地方官员考核体系中最重要的部分。许多文献都认为，经济发展方面表现突出的地方领导会获得更多的提拔机会。[4] 白苏珊（Susan Whiting）认为，中国干部考核使得地方官员倾向于执行有利于考核的项目，地方政府行为中出现了"高权数诱

———————

① Landry, F. Pierre, *Decentralized Authoritarianism in China: The Communist Party's Control of Local Elites in the Post-Mao Era*, Cambridge：Cambridge University Press, 2008, pp.13-19.

② Maria Edin, "State Capacity and Local Agent Control in China：CCP Cadre Management from a Township Perspective", *The China Quarterly*, 2003, 173：39; Tony Saich, "The Blind Man and the Elephant：Analyzing the Local State in China", *In East Asian Capitalism: Conflicts, Growth and Crisis*, ed., Tomba, Luigi, Milano：Feltrinelli, 2009, p.32.

③ Kai-yuen Tsui and Youqing Wang, "Between Separate Stoves and a Single Menu：Fiscal Decentralization in China.", *The China Quarterly*, 2004, 177：79; Guo Gang, "China's Local Political Budget Cycles", *American Journal of Political Science*, 2009, 53(3)：623.

④ Whiting 对基层农村政府干部考核中，详细地描述了工业基层领导干部在工业上的表现与个人的收入以及晋升空间紧密相关，请参考 Susan H. Whiting. *Power and Wealth in Rural China: The Political Economy of Institutional Change*. Cambridge University Press, 2001.; Saich 的研究也指出县政府为了凸显地级市政府下派的考核指标而给乡镇府干部下达经济指标，参见 Tony Saich, "The Blind Man and the Elephant：Analyzing the Local State in China", in East Asian Capitalism：Conflicts, Growth and Crisis, ed. Tomba, Luigi. Milano：Feltrinelli, 2002, p.32; Landry 在研究地级市领导的文献中提出，地级市领导虽然面临多重的考核指针和任务，但是很大一部分是与经济发展相关的，并且经济发展方面突出的地级市领导会有更多的提拔机会；请参见：Pierre Landry, *Decentralized Authoritarianism in China: the Communist Party's Control of Local Elites in the Post-Mao Era*, Cambridge University Press, 2008, p.85; Bo Zhiyue、Li Hongbin 和 Zhou Li-an 在研究升级官员的晋升时，也发现省级官员升迁的核心因素是经济上的表现，请参见：Bo Zhiyue, *Chinese Provincial Leaders: Economic Performance and Political Mobility since 1949*, Armonk, N.Y.：M.E. Sharpe, 2002.; Li Hongbin and Li-an Zhou, "Political Turnover and Economic Performance：The Incentive Role of Personnel Control in China", *Journal of Public Economics*, 2005, 89(9-10)：1743-1762.

因"（high-powered incentives）。[1] 对于地方官员而言，最大的理性是晋升，因此，干部考核所施加的政治激励驱动着官员的行为。现有的文献关于政治激励存在不同的版本，但是它们之间的内在逻辑是基本一致的。[2] 其中，以周黎安提出的"政治锦标赛"最具代表性。政治锦标赛定义为"一种政府治理模式，是指上级政府对多个下级政府部门的行政首长设计的一种晋升竞赛，竞赛优胜者将获得晋升，而竞赛的标准由上级政府决定，它可以是GDP的增长率，也可以是其他可以度量的指标"[3]。政治锦标赛成立的条件是：第一，下级政府的人事权由上级政府掌握，它可以决定晋升和提拔的标准，并且根据下级官员的绩效表现决定升迁；第二，存在某种委托人和代理人都可以衡量和观察的客观竞赛指标；第三，委托人必须以可信的方式承诺在考核、选拔和任免代理人时一定会公正和无私地执行这些指标；第四，政府官员的政绩是相对可分离和可比较的；第五，参赛的政府官员能够在一定程度上控制和影响最终的考核绩效结果；第六，参与者之间不容易形成合谋。由于经济绩效是中国改革中最为显著的指标之一，许多学者都对经济绩效与官员晋升之间展开了经验的研究，并且得出了与周黎安相类似的结果。[4] 周雪光认为，干部晋升制实际上是一种"淘汰制"，引导官员向可实际测量的政绩方面努力；同时官员也存在内在的激励，试图通过具体可以测量的政绩向上级部门发出自己能力的信号，以及克服信息不对称所带来的政绩考核困难。他进一步分析认为，这种"淘汰制"的评价机制虽然是组织制度进步的表现，但是加剧了政府官员追求短期政绩的组

---

① Susan H. Whiting, *Power and Wealth in Rural China: The Political Economy of Institutional Change*, Cambridge University Press, 2006, pp. 34-56.

② 分别是周黎安的"政治锦标赛"，张军和高远的"为增长而竞争"以及徐现详的"经济增长市场论"。

③ 周黎安：《转型中的地方政府：官员激励和治理》，上海人民出版社2008年版，第56页。

④ Bo,Zhiyue, "Eonomic Performance and Political Mobility: Chinese Provincial Leaders", *Journal of Contemporary China*, 1996 ,5(12)：135-155; Li, Hongbin and Li-an Zhou, "Political Turnover and Economic Performance: the incentive role of personnel control in China", *Journal of Public Economics*, 2005, 89：1743-1762; Chen, Ye,et al., "Relative Performance Evaluation and the Turnover of Provincial Leaders in China", *Economic Letters*, 2005, 88：421-425;Kung, James Kai-Sing and Shuo Chen, "The Tragedy of the Nomenklatura: Career Incentives and Political Radicalism during China's Great Leap Famine", *American Political Science Review*, 2011, 105：27-45; 王贤彬、张莉、徐现祥：《辖区经济增长绩效与省长省委书记晋升》，《经济社会体制比较》，2011年第1期。

织行为，因为"淘汰制"的规则激化了同级政府官员之间以及不同部门、单位、区域官员之间的攀比趋势，使得他们关注"站台式"的阶段性目标，并且趋向密集型的政治工程向上级政府发出信号，如果他们不能在短期内实现晋升，就会从此失去进一步发展的机会。[①]

地方官员在考虑理性利益时，不仅计算经济收益，同时还要计算晋升博弈中的政治收益，财政分权与官员晋升竞赛的总和才真正构成地方官员的行为的激励。[②] 在财政分权的体制下，地方政府为了吸引外来投资展开竞争，会导致市场秩序的扭曲，造成地方保护主义与恶意竞争的局面，[③] 地方可能会牺牲环境的利益换取更大的经济绩效。再者，结合具有中国特色的官员考核体制，地方政府为经济发展展开的竞争，实际上原动力来自于政治晋升的激励。"晋升锦标赛"的地方官员治理模式，会导致激励官员的目标和政府职能的合理设计存在严重冲突。财政分权会影响地方政府官员的激励，扭曲地方政府的竞争行为。在以经济绩效为主的官员政绩考评机制作为一种"高能激励"方式，会导致地方政府官员的努力向经济增长这一维度倾斜，造成努力配置扭曲[④]，地方政府的目标相对于社会目标更加短期化[⑤]。

在很多情况下，地方官员面临的多重指针和任务是相冲突的，有些时候一个任务的完成必须以牺牲另外一个任务为代价，比如工业发展与环境治理两个任务就是相冲突的。[⑥] 在面对晋升锦标赛式体制、分税制下财政收益的最大化以及财力紧张的情况下，地方政府官员的支出偏好将投入能够带来经济快速增长的领域或者优先项目；而对环境治理等难以衡量和短期内并不能直接带来经济和财税增长的领域，地方政府并不会将其列为支出

---

① 周雪光：《"逆向软预算约束"：一个政府行为的组织分析》，《中国社会科学》2005 年第 2 期。

② 周黎安：《晋升博弈中政府官员的激励与合作 —— 兼论我国地方保护主义和重复建设问题长期存在的原因》，《经济研究》2004 年第 6 期。

③ 周黎安：《转型中的地方政府：官员激励和治理》，上海人民出版社 2008 年版，第 76 页。

④ Holmstrom, Bengt and Paul Milgrom, "Multi-Task Principal-Agent Analyses: Linear Contracts, Asset Ownership and Job Design", *Journal of Law, Economics and Organization*, 1991, 7: 24-52.

⑤ 王永钦等：《中国的大国发展道路 —— 论分权式改革的得失》，《经济研究》2007 年第 1 期。

⑥ Huang Yasheng, "Managing Chinese Bureaucrats: An Institutional Economics Perspective", *Political Studies*, 2002, 50: 69-74.; Zhou Xueguang, "The Institutional Logic of Collusion among Local Governments in China", *Modern China*, 2010, 36(1): 58.

的重点。因此，财政分权和干部管理体制所带来的不利的激励结构，是导致地方政府对环境保护治理缺乏积极性和不作为的原因。现有的经验研究更加证实了这一点。刘本（Benjamin Van Rooij）等在研究北京、四川和云南的地方环保治理和法律执行后发现，中央的环境政策与地方的利益相关者之间存在利益冲突，地方政府由于财税和经济发展的利益，存在地方保护主义的现象，导致地方政府环保治理不积极。[①] 冉冉基于中国 5 个城市的官员访谈后也发现，政治晋升的激励机制、地方财政约束和缺乏充裕的中央的环保转移支付使得环境治理处于政府目标十分次要的位置。同时疏于环境治理会给予地方官员某种程度经济上的奖励（material rewards），因为这不仅可以吸引更多的工业投资者，同时还可以避免由于治理环境所带来污染企业税收上缴的减少。[②] 美国国家经济研究局（NBER）的一份报告实证分析了 283 个地级市的市委书记和市长从 2000 年到 2009 年 10 年来的政绩和升迁结果，发现重视环境治理的官员升迁较难。该报告表明，在现有的财政税收和干部人事考核制度下，地方官员会更多投入交通基础设施的项目，因为这既能拉动 GDP 的增长，同时也能提高卖地的价格，进一步增加地方财政收入，继而增加地方官员升迁的概率。然而，环境治理投入越多，地方官员升迁的概率反而会降低（市长晋升概率降低 6.3%，市委书记降低 8.5%）。这表明，重视环保的绿色官员多数是没有晋升希望的官员，对于大部分有抱负的官员而言，环境治理投入无法实现政治晋升和增加财政收入的短期目标，因此环境治理不是地方官员议事日程中的要务。[③]

四、环境外部性视角

外部性的概念是由马歇尔和庇古在 20 世纪提出的，指"在两个当事人缺乏任何相关经济交易的情况下，由一方当事人向另一个当事人所提供的

① Van Rooij Benjamin and Carlos Wing-Hung Lo., "Fragile Convergence: Understanding Variation in the Enforcement of China's Industrial Pollution Law", *Law&Policy*, 2010, 32(1): 14-37.

② Ran Ran, "Perverse Incentive Structure and Policy Implementation Gap in China's Local Environmental Politics", *Journal of Environmental Policy & Planning*, 2013, 15(1): 17-39.

③ Wu, Jing et al., "Incentives and Outcomes: China's Environmental Policy", NBER Working Paper No. 18754, 2013.（http://www.nber.org/papers/w18754）.

物品束"①。这也意味着，物品束的提供者和接收者在事实发生之前，没有进行任何经济交易和任何谈判。奥尔森从集体行动的角度入手，得出外部性问题具有"不可分割性"，任何个人都不可能排他地消费公共产品。②诺斯则从"搭便车"的角度讨论外部性的问题，认为产权界定不清楚是产生外部性的原因。③外部性的概念在经济学界的讨论不断地展开，由于大部分环境和自然资源具有一定的公共物品的性质，公共物品的特征也被用来研究产生环境外部性的根源。其中，不可分割性与非竞争性的特征经常被使用。不可分割性是指对一种物品未付费的个人不可能被阻止享用该物品的好处。因此会导致两个方面的问题：第一是搭便车的问题；第二是产生偏好显示不真实的问题。因此，不可分割性使得用市场机制阻止使用某种环境资源做法的成本十分昂贵，市场有效配置资源的机制失灵。如果一方使用环境资源对另外一方不利，但是他们都对环境资源的利用是合法的，他们就会有一种驱动力，在对方用尽所有环境资源之前获取更多的利益，从而造成哈丁的"公地的悲剧"现象。④非竞争性是指一方对物品的消费并不妨碍别人对该物品的消费，对物品的使用是非竞争性的，边际社会成本也等于零。环境保护是一种增加公益和减少公害的过程，但由于环境属于纯公共物品，由私人生产这类物品是不可能的，市场对于这类纯公共物品的提供也无能为力，只需政府的介入来提供。事实上，环境外部性的影响不是通过市场发挥作用，它不属于买者和卖者的关系范畴，市场机制无力对产生环境外部性的排污单位给予奖励和惩罚，因此提供环境治理这类公共产品时需要政府力量的介入。

由于环境污染具有负的外部性，而环境治理的努力具有正外部性，这也潜在地导致政府介入的失灵，地方政府可能存在搭便车的行为。中国的环保治理由各个地方政府来行使，而地方政府却同时扮演着一种逐利式的"企业式"角色，使得政府力量的介入达不到克服市场机制失灵的目的。斯

---

①　[美] 丹尼尔·F.史普博：《管制与市场》，余晖等译，上海三联书店2017年版，第42页。

②　[美] 曼瑟尔·奥尔森：《集体行动的逻辑》，陈郁等译，上海三联书店1995年版，第44页。

③　[美] 道格拉斯·诺斯：《经济史中的结构与变迁》，上海三联书店、上海人民出版社1994年版，第13页。

④　Hardin, Garrett, "The Tragedy of the Commons", *Science*, 1968, 62：1243-1248.

尔瓦（Emilson Silva）和卡普兰（Arthur Caplan）的研究证实了这一点。他们认为，对于大部分联邦国家来说，如果地方地方政府不考虑邻区的福利，或者缺乏区域之间的协调机制，地方政府可能采取高污染的发展经济行为，并疏于环境治理。[①] 逻辑上，如果某上游地方政府采取更为严格的环保措施，就会影响本地的经济生产和经营生活，使得本地的企业的成本提高、利润下降，进而影响地方政府的利益；而下游政府在没有付出环境治理成本的情况下，获得上游政府由于严格环保治理所带来的收益，上游政府却无法从下游政府收回严格环境治理而付出的成本，同时，上游政府因为严格的环保措施把企业投资者推向环境管理相对较为宽松的地区，进一步损害上游政府社会经济的增长。因此，在地方政府"企业式"地追利和地方官员锦标竞赛晋升制的制度背景下，地方政府环境治理的"搭便车"行为不可避免，环境的外部性强化了环境治理的不利激励结构。

五、其他理论解释及简要评述

除了分析地方政府和官员的激励结构以及环境问题外部性以外，一些法律学者对中国环境法律的立法因素以及相关的条文规定也进行了研究，发现相关的法律制度和条文存在大量模糊性、不确定性、冲突性以及形式主义，大大削弱了约束地方政府环境治理责任和行为的力度，给地方政府和官员对环境治理不积极甚至不作为创造了"空间"。

一些构成环境管理体制的单行法律的具体条款规定过于简单和模糊，操作性差。例如，《大气污染防治法》第4条规定："县级以上人民政府环境保护行政主管部门对大气污染防治实施统一监督管理。各级公安、交通、铁道、渔业管理部门根据各自的职责，对机动车船污染大气实施监督管理。县级以上人民政府其他有关主管部门在各自职责范围内对大气污染防治实施监督管理。"对于有关部门"根据自己的职责"和"在各自的职责范围内"对大气污染防治实施监督管理，这些条款没有具体指明是什么样的管理职责，和如何实施监督管理。对于"职责"和"职责的范围"，地方政府

---

① Silva, Emilson C. D. and Arthur J. Caplan, "Transboundary Pollution Control in Federal Systems", *Journal of Environmental Economics and Management*, 1997, 34: 173–186.

和相关部门可能有不同的诠释，为环境治理不作为创造了"空间"。操作性不强是现有环境保护法律的另外一个特征。例如，"限期治理"在《环境保护法》（第 18 条和第 29 条）、《乡镇企业法》（第 36 条）和《海洋环境保护法》（第 12 条）中都作出相应的规定，对限期治理的主体认定条件主要有："造成严重污染"和"超过污染物排放标准"。但是根据《海洋环境保护法》主体认定条件，只要满足任何一个条件即可限期治理；而《乡镇企业法》则是两者都要兼具。因此，判断标准就产生了差异，地方政府也难以操作。此外，法律对于造成"严重污染"也没有具体的规定，缺乏统一的标准，于是限期治理的决定就带有强烈的主观性和随意性，也给地方政府不作为提供了一个法律的空隙。① 类似空泛的法律语言和缺乏操作性的规定在许多环境保护的法律法规都出现过。所以，有学者认为，中国的环境保护法律法规存在非常宏观且空泛的词汇（general and rhetorical terms），中国一系列环境措施似乎更加接近于政策宣言（policy statement）而不是法律。② 模糊而空洞的语言和缺乏操作性的法律规定使得环境治理缺乏实施主体以及主体责任，同时致使环境保护法律体系在监督地方政府环保行为和污染企业的效力大打折扣。类似"应当"和"鼓励"等词语在法律规定中大规模运用，而不是使用更为强制性的词语如"必须"等，使得地方政府官员对环境保护法律的认知出现偏差，认为相关的法律并不是"务必执行和遵守"，而是不具有强制执行力和形式主义的"软法"。③

无论是实证研究还是理论性研究，针对中国地方政府环境治理行为的研究，均得出相似的结论和预期，即地方政府对环境治理缺乏积极性，不作为以及奉行"不出事的逻辑"，即"不求有功，但求无过"的态度。④ 破碎化威权主义视角在分析地方政府环境治理行为与激励理论分析中有重合

---

① 汪劲主编：《环保法制三十年：我们成功了吗？中国环保法制蓝皮书（1979—2010）》，北京大学出版社 2011 年版，第 170—171 页。

② Wang,H.C.and Liu, B.J., "Policymaking for Environmental Protection in China", in M.B. McElory, C.P. Nielsen & P. Lydon(eds), *Energizing China, Reconciling Environmental Protection and Economic Growth*, Cambridge：M.A. Harvard University Press,1998, p.440.

③ Ran Ran, "Perverse Incentive Structure and Policy Implementation Gap in China's Local Environmental Politics", *Journal of Environmental Policy &Planning*, 2013,15(1)：17-39.

④ 杜辉：《论制度逻辑框架下环境治理模式之转换》，《法商研究》2013 年第 1 期。

的部分。传统的破碎化威权主义视角分析了地方环保职权多元化和责任的分散化，致使地方政府以及相关职能部门互相推诿环境治理责任成为可能。在此基础上，李侃如基于经验观察，认为地方治理过程中环保职权划分出现"条条从属于块块"的现象使地方政府在环境治理体系中占了主导性的地位。即使如此，这也不必然导致地方环境治理不积极的行为和奉行"不出事的逻辑"。他道出了另一关键因素——激励结构，即地方政府被赋予充分的灵活性以发展经济和保持社会稳定，为促使辖区内经济增长最大化，地方政府变成了企业家。环保职权划分与激励结构一旦结合，就造成企业家（本地的地方官员）控制管制者（本地的环境官员），而企业家牺牲环境的利益进而保护地方利益，而把其他地方当作竞争对手，造成地方环境治理的不积极甚至不作为。实际上，李侃如的分析是综合破碎化威权主义与激励理论的视角沿着新制度主义的理论基础，激励机制结构研究者仔细地刻画了制度如何提供一套"同意的规则"，并将偏好以及利益格局导入决策者的决策，这同时也体现了委托人与代理人之间的关系结构。激励理论认为，在环境治理上，财政分权和干部人事管理制度均没有提供相应激励机制予地方政府以及官员，甚至地方政府和官员会面临反向或不利的激励效应，诱使它（他）们为了利益最大化而罔顾和牺牲环境的利益，强化它（他）们不积极以及奉行"不出事的逻辑"。干部考核制度提供了一套这样的规则：在经济发展和财税收入增长方面"只有更好"，对环境保护却要求"没有最坏"。这意味着，地方政府和官员只要经济发展不给环境带来更坏的、"可察觉"负面后果（如大规模的环境事件），地方政府在经济发展和其他优先处理的项目上所取得的成绩就会得到认可。经济学流派环境外部性视角的分析更加强化了激励结构对于环境治理的不利效应。研究法律条文和体系的学者则认为，现有的环境保护法律规定大大削弱了法律对地方政府环境治理责任和行为的监督力度，给地方政府和官员对环境治理不积极、不作为甚至奉行"不出事的逻辑"创造了"空间"。

第二节 地方政府污染治理行为的现状：以重点城市工业污染治理支出为例

现有文献对于政府环境治理行为研究主要集中于地方政府的环保执法和监管的行为。然而执法和监管的行为背后往往都涉及资源的投入，尤其是财政资源的投入。同时，地方政府的环境治理除了环境执法和监管，还需要进行专项的投入治理，如减少污染排放、截污等专项，这也涉及资金的投入。因此，地方政府的支出和收入能够体现地方政府的行为，使用相关支出和收入来衡量地方政府行为具有可操作性。本书所讨论的地方政府环境治理行为是市级政府污染治理行为。本节首先选取《中国环境年鉴》中8个重点城市的工业污染治理支出为衡量指标，分析市级政府污染治理行为。这8个城市分别为广州、青岛、西安、太原、合肥、成都、南宁、哈尔滨①（参见图3-1）。

表 3-1 47 个重点城市区域分布

地区	城市
东部城市（23 个）	石家庄市、唐山市、秦皇岛市、沈阳市、大连市、南京市、苏州市、南通市、连云港市、杭州市、宁波市、温州市、福州市、厦门市、济南市、青岛市、烟台市、广州市、深圳市、珠海市、汕头市、湛江市、海口市
中部城市（12 个）	太原市、大同市、长春市、吉林市、哈尔滨市、合肥市、南昌市、郑州市、开封市、洛阳市、武汉市、长沙市
西部城市（12 个）	呼和浩特市、南宁市、桂林市、北海市、成都市、贵阳市、昆明市、西安市、兰州市、西宁市、银川市、乌鲁木齐市

① 8个城市的样本提取是四大经济区域（东部、中部、西部和东北）具有代表性的城市特征。

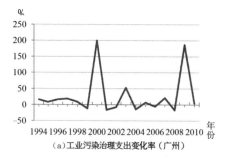

（a）工业污染治理支出变化率（广州）

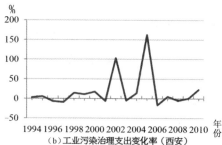

（b）工业污染治理支出变化率（西安）

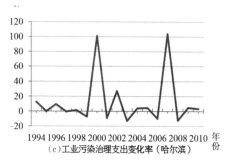

（c）工业污染治理支出变化率（哈尔滨）

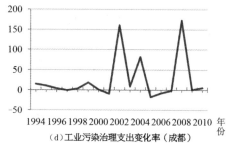

（d）工业污染治理支出变化率（成都）

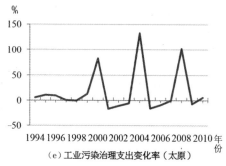

（e）工业污染治理支出变化率（太原）

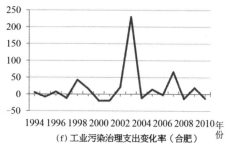

（f）工业污染治理支出变化率（合肥）

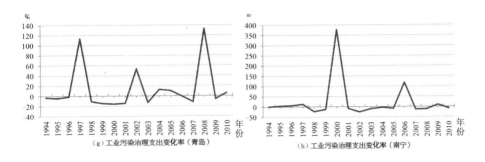

图 3-1　8 个重点城市的工业污染治理支出变化

　　第一，图 3-1 显示的 8 个城市的污染治理支出的变化率走势表明，在多数情况下，市级政府污染治理支出保持相对停滞或者微调，甚至有一定幅度的削减。基于环境问题的复杂性、多样性、长期性以及环境问题无法彻底解决的假定，支出变化的相对停滞以及维持现状甚至是削减，意味着市级政府并没有意愿改变现有的支出水平，不愿意增加污染治理支出而提高污染治理的努力程度，这一定程度上符合已有理论所预期的"缺乏积极性"以及奉行"不出事的逻辑"环境治理的行为。图 3-1 同时也显示，8 个城市的污染治理投入还存在大规模增长，这就意味着在特定年份中，市级政府愿意大幅度地改变现有的支出水平，提高污染治理的努力程度，表现出"积极的"和"有所作为的"污染治理行为。对于这种现象，已有的文献无法解释。无论是经济发展较为落后的西部地区如南宁，还是经济发展程度较高的东部地区如广州和青岛，都存在 2—3 个特定年份支出增长率超过 100% 的现象，从变化趋势来看，均存在支出大规模的增长。

　　第二，从 8 个城市的样本分析可以看出，市级污染治理行为变化并非呈现"渐进式"的增长或减少，而是呈现一种类似"间断均衡式"的变化，污染治理支出行为长期处于相对停滞或只作微调的状态（均衡状态），但是偶尔会伴随大规模的支出增长（间断状态）。这意味着，在某些特定年份中，市级政府治理支出行为并非已有理论所言般"常量式"的不积极与不作为。这种间断均衡的变化模式也许可以提供新的思路解释地方政府环境治理行为的逻辑。

　　为了更好地观察这种支出变化的"间断均衡"的程度，本节利用 47 个重点城市在1994—2010年的工业污染治理支出、废水治理支出和废气治理支出作为衡量污染治理行为的衡量指标。[①] 其中，工业污染治理支出包括废水、废气、固体废物以及其他相关的治理支出。47个样本城市既包括副省级城市，同时也包括地级市，覆盖中国东部、中部、西部经济带（见表3-1）。为了更好地比较政府污染治理行为与其他政府治理行为的差异。47个重点城市的非污染治理支出包括基本建设支出以及公检法的支出，也一并统计。

一、分布特征判断的依据

如何通过判断支出变化间断均衡的程度来识别政府污染治理支出行为的特征？通常而言，所有的统计推断都是基于样本的分布特征进行的。特鲁、琼斯和鲍姆伽特纳运用一种样本数据分布的测量方法——峰度（Kurtosis）来判断政策变迁和预算支出过程中间断均衡的程度。[②] 这种测量方法的原理基于一个假定，即为决策制定的动力在所有决策层次上都存在，并且假定政策议程的设定是一种随机的过程。[③] 在已有的决策预测模型里，特别是戴维斯等有限理性模型里[④]，年度变化通常是正态分布的，并且在一个外生因素导致参数变化后，该数级会重新受正常剩余项的调控。假设年度的支出变化是按照频率分布曲线状进行分布的，根据中心极限定理，在一个顺畅和理性的决策机制下，当一系列外生连续动力影响决策机制时，将会出现正态式的决策反应，年度的支出变化也会呈现正态或者高斯分布。如果单变量（支出变化）的分布出现一个幅度很大并且很窄的尖峰（这是稳定和一致性逻辑的体现），很弱的肩部（这是发生适度和中等程度变化较为困难的体现）以及很

---

① 由于对于环保支出的统计并不系统，而且在2006年之后，过往分散的环境保护支出才开始单独支列，成为预算科目之一，因此工业污染治理的支出是唯一作为长期观察和衡量的指标，其操作性也较强。数据源于《中国环境年鉴（1993—2011）》。

② True,J.L., Jones B.D.and Baumgartner F.R., "Punctuated Equilibrium Theory: Explaining Stability and Change in American Policymaking", in P.Sabatier(ed), *Theories of the Policy Process*. Boulder, CO: Westview Press,1999, pp.97-115.

③ 请参见 Padgett J.F., "Managing Garbage Can Hierarchies.", *Administrative Science Quarterly*, 1980, 25: 583-604; Padgett,J.F., "Bounded Rationality in Budgetary Research ", The American Political Science Review, 1980, 74: 354-372.

④ Davis O.A., Dempster M.A.H and Wildavsky A., "A Theory of the Budgetary Process", *The American Political Science Review*, 1966, 4(3): 529-549.

大的尾部（发生比预期更多的偶然间断的表现）时，这就意味着决策变化不符合"渐进式"的模型，而是一种间断均衡的模式，即一种类似"地震"的模型。因此，如果官僚组织化对环境中某个领域的细微变化并不敏感，对于其中度和适度的变化也反映不够迅速，只有在外界环境出现强烈的变化和变动，并产生推动力突破临界状态时，官僚组织化的政策输出才会有较大的变化。[①] 因此，政策或预算支出的变化分布中会呈现"长尾、瘦肩和尖峰"的状态。在统计学上，峰度是衡量随机变量概率分布的峰态，通常用来描述分布形态的陡缓程度。如果峰度高也就意味着方差增大，通常由大于或者小于平均值的极端值引起的。[②] 峰度 K 大于 3 意味着分布比正态分布得要陡，$K=3$ 意味着是正态分布，而 $K<3$ 意味着分布比正态分布要平坦（见图 3-2）。

除了传统的峰度数值测量以外，本节还测量了年变化分布的线性峰度（L-Kurtosis）。相对于传统的峰度数值测量而言，线性峰度的测量更加准确，比传统峰度测量较少地受到极端值的影响。[③] 此外，本节还统计单样本 Kolmogorov-Smirnov（K-S）检验的值对支出年变化的各项指标进行比对。K-S 检验通常用来进行非参数检验，检验一个数据的观察累计分布是否是已知的理论分布，在本节的检验中，K-S 检验的零假设理论分布为正态分布。

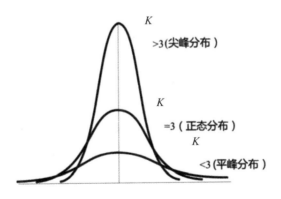

图 3-2　尖峰分布、正态分布与平峰分布图

---

①　Merton R.K., *Social Theory and Social Structure*, New York: The Free Press, 1968, pp. 45-49.

②　峰度系用以计算概率密度分布曲线在平均值处峰值高低的特征数，计算公式为 $K\frac{\sum_{i=1}^{k}(x_i-x)^4 f_i}{ns^4}$。

③　正态分布的峰度 K 值等于 3，而 L-K 值约等于 0.123。

二、重点城市工业污染治理支出变化特征

根据《中国环境年鉴》的统计资料，本节统计了 47 个重点城市从 1994—2010 年工业污染治理的相关支出年变化，利用特鲁、琼斯和鲍姆伽特纳运用的峰度测量方法对环保支出的"间断均衡"程度进行判断。从表 3-2 可以看出，重点城市的工业污染治理支出、废水和废气治理支出（3 项支出）的峰值均超过 3，其中，工业污染治理支出的峰值为 71.089，废水治理的峰值为 89.908，而废气治理支出的峰值为 97.875，证明 3 项支出的尖峰程度较高，间断均衡程度也较高。相比之下，基本建设支出以及公检法支出的尖峰程度比 3 项支出的程度要低。虽然基本建设支出与公检法支出年变化百分比分布的峰值高于正态分布的峰值 3，但远低于 3 项支出的峰值，分别为 28.108 和 42.906。如以线性峰度 L-K 值来衡量"间断均衡"程度，3 项支出均比基本建设与公检法的 L-K 值要高，工业污染治理、废水治理和废气治理开支的 L-K 值分别为 0.46、0.48、0.51，而基础建设与公检法支出的 L-K 值分别为 0.29 与 0.32。K-S 检验的结果也相似，5 项支出均不符合正态分布，从偏度衡量来看，5 项支出均属正偏态分布，但是 3 项支出偏度都大于基础建设与公检法支出的偏度，也就意味着，3 项支出分布拖着一条很长的尾巴。为了更好地展示 3 项环保支出，本节利用年度变化百分比的简单指标，得出柱状直方图并且配以正态分布参考线和分位数图（Q-Q Plot）（见图 3-3；图 3-4；图 3-5；图 3-6；图 3-7）。

表 3-2   47 个城市支出年变化的各项支出

	工业污染治理支出	废水治理支出	废气治理支出	基本建设支出	公检法支出
均值（mean）	25.249	29.252	31.751	39.542	25.431
K-S Test	0.323*	0.316*	0.373*	0.211*	0.238*
偏度（Skewness）	6.056	8.191	9.279	4.511	5.998
峰度（Kurtosis）	71.089	89.908	97.875	28.108	42.906
线性峰度（L-K）	0.46	0.48	0.51	0.29	0.32
观察值	867	867	867	663	663

数据来源：根据《中国环境年鉴（1993—2011 年）》、《全国地市县财政统计资料（1993—2006）》、《中国城市统计年鉴（1993—2011）》资料管理。

    * $p < 0.05$

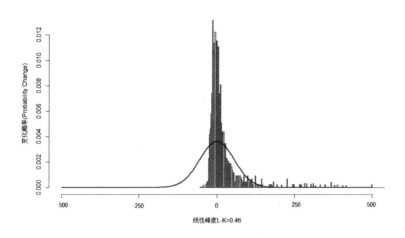

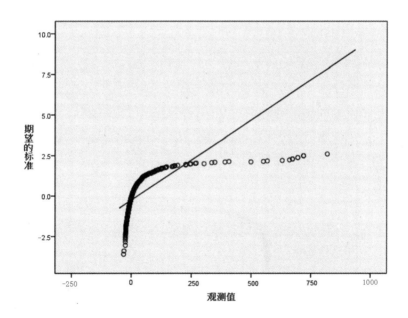

图 3-3 工业污染治理支出年变化直方图与分位数图

注：由于年变化分布为右偏，为了更好地展示峰值，本章所有直方图中的模拟正态分布辅助线的顶点并非实际分布线的均值，而是实际分布线的顶点，下同。

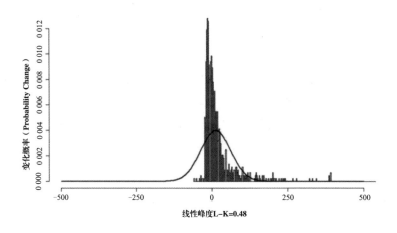

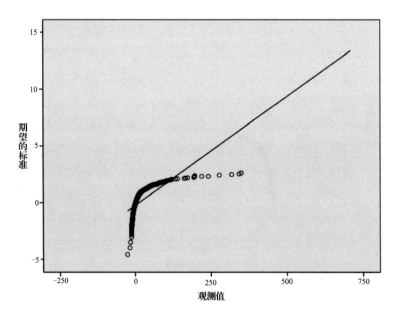

图 3-4 废水治理支出年变化直方图与分位数图

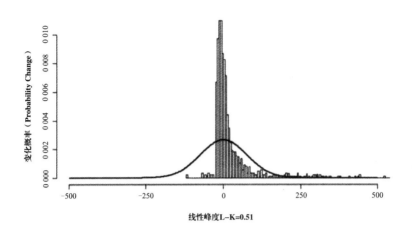

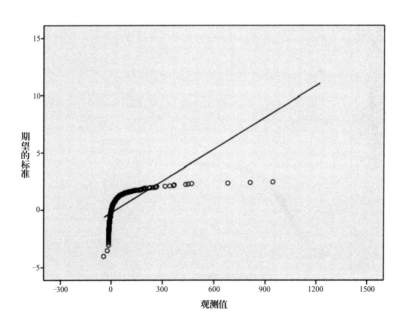

图3-5 废气治理支出年变化直方图与分位数图

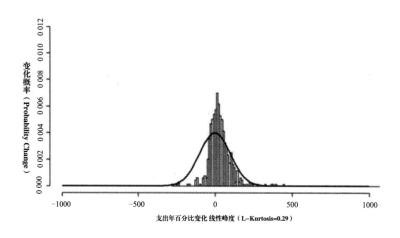

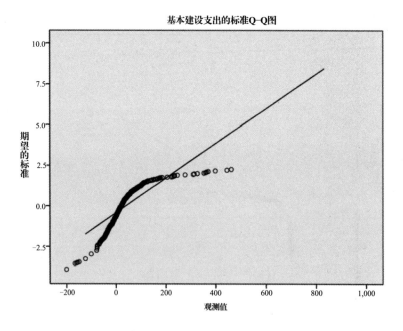

图 3-6 基本建设支出年变化直方图与分位数图

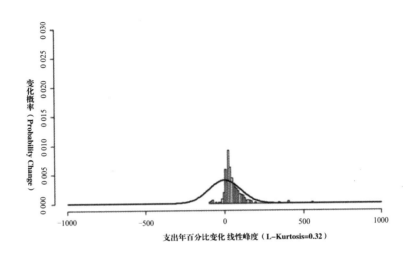

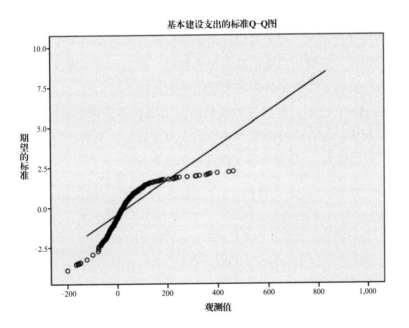

图 3-7 公检法支出年变化直方图与分位数图

柱状直方图的展现更加直观。比起基本建设以及公检法支出，3 项支出年变化分布均呈现更加陡峭的尖峰的分布。对照预正态分布参考线可以发现，3 项支出徘徊在现状水平或者渐进水平（即 0 附近）的观察值远多于预期的正态分布，而中度和适度的支出调整远远少于预期的正态分布。不仅如此，3 项支出年变化分布还拖着一条长长的尾巴。

因此，从 47 个重点城市的污染治理支出变化中可以归纳出初步描述性结论。

（1）三项支出变化均呈现间断均衡的特征，并且其程度比起非污染治理支出（如基本建设支出以及公检法支出）的程度要高。

（2）地方政府的污染治理支出长期处于停滞或者只作微调的状态，甚至出现削减的情况，适度和中等的支出调整较为困难。同时，支出变化中出现比预期更多的大规模和爆发性增长。地方政府污染治理支出并非呈现正态分布和渐进式的增长，而是明显地出现长期停滞和维持现状，并夹杂着比预期更多的间断性大幅度增长。

（3）在环境问题的复杂性、多样性和长期性以及新的污染源不断涌现的情况下，从 47 个城市的工业污染治理支出变化特征得出地方政府的污染治理行为描述性结论：地方政府长期无意对现有的污染治理支出水平进行实质性的改变，来增加污染治理的努力程度，甚至出现削减支出水平的情况。地方政府对于污染治理领域表现出不积极的态度，这与已有文献的预期与描述一致；然而，剧烈与大规模的支出增长多于常态的预期。同时，在特定年份中，地方政府出现大规模的支出增长，污染治理行为变得"积极"与"有所作为"。这是现有文献理论无法解释的。

第四章　地方政府污染治理行为的逻辑
——间断均衡的分析框架

从上一章的描述性分析中可以看出，地方政府长期无意改变现有的污染治理支出水平，来增加污染治理的努力程度。然而在特定的时间和年份，地方政府对污染治理又表现出相当的积极性，污染治理支出大幅度地提高。现有的文献理论只能解释为什么地方政府支出行为保持停滞、微调或者削减，却不能解释地方政府特定年份中对污染治理的积极性行为以及"所有作为"。现有理论的解释困境源于其主要从制度性以及结构性所施加的利益格局以及偏好结构来分析地方政府环境治理行为，因而体现一种较为"静态"的理论预期。同一个政府在决策过程中会面临不同的决策语境、政策背景以及所要解决问题的缓急程度，因此较为"静态"的理论观察无助于考察地方政府复杂和变动的环境治理行为。

本章将借鉴诞生于美国的决策过程"间断均衡"模型，来分析地方政府的污染治理支出行为的逻辑，"间断均衡"模型对决策过程中的稳定现象和突变间断提出合理的理论解释。

间断均衡理论是在批评传统理性模型以及渐进主义（incrementalism）决策理论的基础上发展而成的。渐进主义的决策理论认为，决策制定的实际过程（例如问题的分析、目标确定、方案提出、选择的优化等）并不是一个完全理性的过程，而是对以往的决策经验和行为不断修正和补充的过程。渐进主义的代表人物林布隆（Charles Lindblom）认为，决策制定是基于现有的政策基础和过往的决策经验，逐渐实现政策变迁的过程。这意味着渐进主义决策过程实际上是建立在有限理性的假设以及多元主义思想的基础上的，并存在众多行动者讨价还价和相互妥协的过程。[①] 渐进主义的决策模式受到 20 世纪 50 年代兴起的逻辑经验主义的影响。逻辑经验主义的科学合理性导致积累式、连续匀速的线性发展，而渐进主义决策模式则通过"不断试错"和"摸索"，对政策作出局部的调整和修改，使得政策呈现相对稳定的渐进式发展。然而随着学界对问题观察的逐渐深入，渐进主义理论对于偶然出现的剧幅震荡和政策变化，似乎缺乏合理的解释。尤其在 20 世纪 70 年代的美国，由于外部经济和社会环境的急速变化，与烟草、环境保护、核能和航运等相关的政策都发生了急剧的转变，因此政策的变迁开始呈现非渐进式的变化，渐进主义的理论模型陷入了解释的困境。

鲍姆伽特纳（Frank R. Baumgartner）与琼斯（Bryan D. Jones）在《美国政治中的议程与不稳定性》一书中提出了间断均衡理论（punctuated equilibrium theory），并且引入公共政策领域。间断均衡理论试图将政策过程中的稳定现象和突变间断现象整合为单一理论进行解释，力求弥补渐进主义的不足之处。

第一节　间断均衡理论的主要观点与分析框架

间断均衡理论源自于古生物领域的间断平衡理论。该理论最早是为了批判达尔文的平稳进化论而提出的。[②] 生物的进化过程并非如达尔文所言是一个缓慢的连续渐变的积累过程，而是一种长期处于停滞或者平衡状态但中间夹杂着短暂和爆发性的大规模灭绝和替代的过程。[③] 实际上，平衡即是

① Lindblom, Charles E., *The Policy-making Process*, Englewood Cliffs: Prentice Hall, 1968, pp. 13-19.

② Eldridge, Nile and Gould, Stephen J., "Punctuated Equilibria: an Alternative to Phyletic Gradualism", In Schopf, Thomas J.M. eds., *Models in Paleobiology*, San Francisco: Freeman Copper, 1972, pp. 82-115.

③ 请参见 Robinson, Scott E., "Punctuated Equilibrium Models in Organizational Decision Making", in Goktug Morcol (ed.) *Handbook of Decision Making*, New York: CRC Taylor and Francis, 2006; Gould, Stephen J., *The Structure of Evolution Theory*, Cambridge, MA: Belknap Press, 2002.

渐进主义的状态，而"间断"则是"剧变"的状态；古生物学的间断平衡论则是把两者有机地结合起来。基于古生物学的间断平衡论，鲍姆伽特纳和琼斯将决策过程放在政治制度和有限理性政策制定的双重基础上。他们把间断均衡定义为：在长期相对渐进的政策变迁后，随着外部刺激物的进入破坏政策垄断，引发剧烈的政策变迁的过程。[①]该理论认为，外部因素和复杂的扰动引发了政策垄断的间断，并且表现出"剧烈"或者"突变式"的政策变迁。其中制度性因素包括政策企业家和政策垄断，是影响间断均衡的关键性要素。正回馈过程（即导致快速自我强化的变迁、剧烈的震荡以及增长）和负反馈过程（即自我修正、长期稳定平衡的过程）是分析间断均衡模型的两个方面。鲍姆伽特纳和琼斯认为，政治制度中的回馈过程产生间断均衡模型，因此间断均衡理论与报酬递增以及路径依赖等相关理论联系在一起。[②]

与其他决策理论研究的起点相似，问题界定与议程设定是政策变迁研究的起点。[③]鲍姆伽特纳和琼斯认为，制度结构会影响政策的议程设置，而观念（idea）则会影响问题的界定。问题的界定与议程的设置相互联系，对问题的界定直接影响该问题是否能够进入公共议程。

间断均衡是基于民主政府架构推演而成的一种理论，"竞争性"这个概念在这两元素之中显得尤为重要。为什么在宏观政治系统下，某些问题主导着议程，而有些问题则无法在宏观系统内得到关注和讨论？间断均衡理论认为，当问题停留在子系统但得不到有效的解决时，会引起高度关注，并且该问题会进入宏观政治系统。为了得到宏观政治系统的关注，形成不同的政策竞争，为政策的突变和间断提供的机会。因此，间断均衡理论的一个核心论点是，善变的注意力是导致政策稳定和突变的根本原因。该决策的模型以注意力为驱动，以议程设置为基础，通过展示注意力与制度之间相互作用的议程设置过程。

---

①　Baumgartner R. Frank and Bryan D. Jones, *Agendas and Instability in American Politics*, Chicago: The University of Chicago Press, 2009.

②　Arthur, Jeffrey, "The Link between Business Strategy and Industrial Relations Systems in American Steel Minimills", *Industrial and Labor Relations Review*, 1992, 45: 488-506.

③　True, J ames L., "Attention, Inertia, and Equity in the Social Security Program", *Social Science*, 1999, 9(4): 571-596.

间断均衡理论试图把多元主义、有限理性以及议程设置整合起来，解释政策过程的变迁。多元主义的理论假设利益集团在政策制定的过程中资源均衡，而政策是利益集团冲突并相互制衡的结果，而政府则充当着中立和调停者的角色。[①] 但是这并不意味着多元主义必然产生保守和渐进的政策结果。相反，多元主义开放的政治"场域"（venue）为政策变迁提供了条件。[②] 在此基础上，间断均衡理论拓展了雷德福的"宏观政治—子系统"的区分方法。在雷德福（Emmette Redford）的区分中，宏观政治由总统、国会以及与两者相关的政治制度构成；而子系统是由主导决策的不同利益团体和机构构成。子系统政治为利益集团间存在的平衡提供稳定性。[③] 政治系统如同人一样，具有有限理性的特征，因而无法在同一时间处理所有的问题。子系统的存在则补充政治系统并行处理问题的机制。一般情况下，大量的信息和问题进入不同的子系统进行讨论和解决，而子系统则形成政策垄断，进而保持政治系统中的均衡和稳定，也维持政策结果的稳定和均衡。同时，间断均衡理论继承西蒙的决策过程中串行与并行的问题处理方式。并行处理可以同时处理多个问题，而连续处理则一次一个地处理问题，因为人类在信息处理过程中会出现"注意力瓶颈"（bottleneck of attention）的特征。间断均衡理论借用相关的概念，认为政治系统中同样存在瓶颈，政策议程的设置就是政治系统的瓶颈。[④] 在政治系统中，只有宏观政治系统的连续处理与政策子系统的并行处理相结合，才会产生政策领域中许多非渐进突变的动力现象。[⑤]

围绕着政策议程的设置以及问题界定等问题，间断均衡理论的分析框架有以下 4 个，即政策图景（policy image）、政策垄断、决策者注意力以及制度性摩擦（institional friction）。

[①] Truman, David.B., *The Government Process*, New York: Alfred Knopf, 1951, pp.97-116.

[②] Baumgartner R. Frank and Bryan D. Jones, *Agendas and Instability in American Politics*, Chicago: The University of Chicago Press, 2009.

[③] Redford, Emmette, *Democracy in the Administrative State*, New York: Oxford University Press, 1969, p.102.

[④] Ibid.

[⑤] True J.L.,B.D. Jones and F.R.Baumgartner, "Punctuated-equilibrium Theory: Explaining Stability and Change in Public Policymaking", in Sabatier P.A. (ed), *Theory of the Policy Process*, Boulder,CO: Westview Press, 2006.

一、政策图景

政策图景指某个公共政策在公众和媒体中的理解和讨论，其中混合了政策信仰和价值观，以及经验信息和情感投射。[①] 因此每个政策图景都由两部分构成：经验的和评价的。[②] 社会情景不会自动地变成政策行动，因此在社会情景变成公共政策之前，相关的议题以及讨论要充分地进行，在吸引政府官员注意力之前，也必须有与解决问题的相关方案紧密联系的形象与理解，即"问题的界定"。因此政策图景在整个"问题的界定"中占据十分重要的作用。此外，政策图景的基调（tone）对议题的发展十分重要。当今，大众传媒充当着对政策图景快速改变的主要角色。大众传媒对某种政策基调的改变往往会给反对者抨击现有政策的机会。其中，公众和媒体对于某个问题的关注过程会形成正面或者负面的政策图景，即是否用正面的观点和眼光去评价或者看待政策。正面的政策图景有助于强化政策垄断，而负面的政策途径可能导致政策垄断的崩溃。特别是在重大事件曝光以及媒体的报道之下，公众对于政策图景的观点和看法会发生相互的转换。[③] 鲍姆伽特纳和琼斯因此认为，政策变迁的"爆发"与政策间断是政策图景与政治制度互动的结果。[④]

二、政策垄断

政策垄断是指在政策制定过程中，由最重要的行动者（包括利益集团、政策官员或者政党联盟等）组成的一个相对封闭和集中的体系。在这个体系中，行动者把政策制定封闭起来，排斥其他参与者进入，使政策变迁变得缓慢或者处于停滞的状态，[⑤] 最为典型的例子是美国核政策中的"铁三角"关系。利益集团、国会议员与政府官僚垄断了该政策，在某一领域中的专

---

① True, James L., "Attention, Inertia, and Equity in the Social Security Program ", *Social Science*, 1999, 9(4)：571-596.

② Baumgartner R. Frank and Bryan D. Jones, *Agendas and Instability in American Politics*, Chicago：The University of Chicago Press, 2009, pp.25-26.

③ Ibid.

④ Ibid.

⑤ Givel, Micael, "Punctuated Equilibrium in Limbo. The Tabacco Lobby and U.S. State Policy Making from 1990—2003", *Policy Studies Journal*, 2006, 34(3), pp.405-418.

业人士或者具有影响力的利益团体都期望得到政策垄断。然而，任何一个政治系统都不可能同时处理所有的问题，因此产生了政策子系统并行处理和宏观政治系统串行处理的机制。不同的政策议题就分散到不同的子系统里面讨论和解决。鲍姆伽特纳和琼斯认为，政策子系统也倾向于垄断相关的政策制定。该政策垄断可以由单一利益所主导，也可以由若干利益竞争进行。子系统往往是出于平衡和渐进的系统，有助于减缓政策变迁的压力。因此，政策垄断的存在往往被视为"负反馈"的过程。现有的制度可能把政策制定者的注意力停留在有限的范围内和特定的备选方案，使得政策制定呈现"路径依赖"，保证政策过程的稳定性。[①] 政策垄断具有两个特征：有明确负责政策制定的制度结构和与制度相关的强有力的支撑信念。[②] 正面的政策图景为政策垄断提供了支撑的信念，而负面的政策图景冲击着政策垄断（关于间断均衡视角下的政策变迁的过程，请见图4-1）。

因此，政策垄断并非恒定不变的，子系统也可能被打破并出现崩溃。当外在的冲突不能在子系统讨论和解决的时候，外界的压力可能使问题重新被界定。在现有的政策图景受到争议或者改变时，新的政策参与者和团体可能加入，从而打破政策垄断。此时，子系统的政策垄断就处于崩溃的边缘。政策崩溃进一步激发公众对于政策问题的讨论，被广泛讨论的政策问题引起宏观政治中政策制定者的注意力，而这些被"点燃"的议题将会提升到更高层次的政策议程中，到达宏观政治制度进行串行处理。此时，政策图景、政治的操纵可能导致大规模的政策变迁，打破原有的稳定状态，政策问题在宏观政治重新定义，并且使得原有的政策系统解体。[③]

[①] Baumgartner R. Frank and Bryan D. Jones, *Agendas and Instability in American Politics*, Chicago: The University of Chicago Press, 2009, p. 7.

[②] Ibid.

[③] True, J.L.,B.D. Jones and F.R.Baumgartner, "Punctuated-equilibrium Theory: Explaining Stability and Change in Public Policymaking", in Sabatier, P.A. (ed), *Theory of the Policy Process*, Boulder,CO: Westview Press, 2007, p. 162.

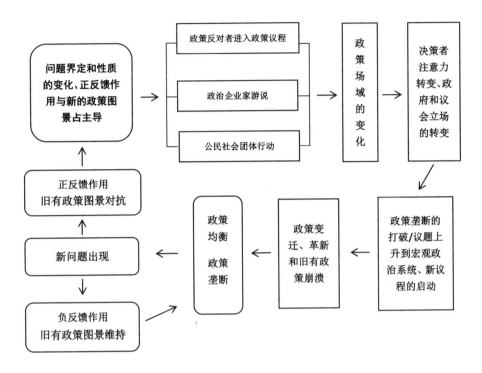

图 4-1　间断均衡视角下政策变迁的过程[①]

三、决策者注意力

间断均衡理论实质上隐含一种个人和集体决策的理论，其中资源的稀缺性是一种共识。[②] 其他决策理论可能较为关注财政资源和信息的稀缺性等问题，但鲍姆伽特纳和琼斯认为，注意力也是一种稀缺的资源。通常而言，注意力一次只能投入一项活动之中，无论是个人还是组织，其决策在很大程度上是受到注意力的配置方式决定的。[③] 决策者对问题的优先级排列是通过注意力配置的方式来实现的，而解决方案的选择同样也是注意力配置

① 注：矩形边框的过程为宏观政治过程；圆角矩形边框的过程为子系统政治过程。

② True, J.L., B.D. Jones and F.R. Baumgartner, "Punctuated-equilibrium Theory: Explaining Stability and Change in Public Policymaking", in Sabatier, P.A. ed., *Theory of the Policy Process*, Boulder, CO: Westview Press, 2007.

③ ［美］詹姆斯·马奇：《决策是如何产生的》，王元歌、章爱民译，机械工业出版社 2007 年版，第 18 页。

结果的影响。① 事实上，这就是琼斯所描述的"注意力瓶颈"。同时，间断均衡理论并没有接受传统决策理论认为决策结果是偏好所导致的基本假设。因为"在激励结构不清晰或者情况急速变化的时候，理性选择的观点看起来存在相当的局限性"②。因此，注意力的分析框架主要是把决策制定者视为"有限理性的"，这跟西蒙的有限理性概念是一致的——既承认人类有限的认知处理能力，同时也承认他们必须面对的环境的复杂性。③ 西蒙强调，人类的政治行为不是无理性的，考虑到认知能力的局限和政治世界的复杂性，"政治人"看起来是在有目的地采取和总体目标相关的策略。对于西蒙而言，人类政治行为是依照"有限理性模型"（the model of bounded rationality）运行，即在环境和认知处理的限制下采用和目标有关的手段行动。④

　　首先，鲍姆伽特纳和琼斯阐述了注意力的概念。在生物学上，注意力指代"生物体内决定一个特定刺激的效用的过程和条件"⑤。在社会科学中，特别是决策制定模型中，注意力有更为广泛的观点。"人类是一个信息连续处理器，他们关注单一的任务。每个刺激物都被多样的特征或者维度结构化。当面对选择的时候，都会存在好几个特征和评价维度。许多特征与一个选择情景无关，但是很多时候必须出现在合适的语境中。但人们去评价这些维度的时候，它们被称为偏好。但是由于它们是多维度的，所以偏好经常处于冲突之中。因此，决策者在缺乏一个标准尺度的情况下，整合多个维度的偏好会遇到很多的困难。因此，对偏好的注意力变化一般是决策者整合不同维度的方式，而注意力的焦点变化能够改变决策者关注的偏好。"⑥ 鲍姆伽特纳和琼斯把注意力与偏好的变化是区别对待的。"所有的决策变化，和其他类似

① Jones,B.D., and F.R. Baumgartner, *The Politics of Attention: How Government Prioritizes Problems*, Chicago：University of Chicago Press,2005,p.205.

② Jones,B.D., *Reconceiving Decision-making in Democratic Politics. Attention, Choice, and Public Policy*, Chicago：University of Chicago Press, 1994, p.8.

③ Simon, Herbert, A., "Rational Decision-Making in Business Organization", *American Economic Review*,1979,69：495-501.

④ Simon, Herbert, A., "Human Nature in Politics：The Dialogue of Psychology with Political Science", *American Political Science Review*, 1985,79：293-304.

⑤ Berlyne,D.E., "Attention", in Edward C. Carterette and Morton P. Friedman, eds., *Handbook of Perception*, New York：McGraw-Hill, 1974, p.124.

⑥ Jones,B.D., *Reconceiving Decision-making in Democratic Politics. Attention, Choice, and Public Policy*, Chicago：University of Chicago Press, 1994, p5.

的变化一样，之所以产生是因为决策制定者开始关注决策情景中那些先前被忽略的方面，也就是说，他们关注了那些他们先前认为与选择情景无关的偏好。"① 在决策过程中，以选择政治候选人为例，评价的维度是多元的，也就意味着偏好是多维度的，偏好之间往往发生冲突，例如政治候选人在经济方面的经验十分丰富，但候选人的一些个人特质如对婚姻家庭的态度跟选区选民的总体态度不相符。在选择过程中，如何评价候选人而做出选择，受到选民对候选人某方面质量注意力的影响。在经济不好的情况下，可能选民更加注重候选人的经济工作方面；而在另外一种情况下，如国内媒体大量讨论家庭伦理和家庭价值的时候，选民可能更加关注候选人对于婚姻家庭的态度。

因此，所有的决策都会涉及选择性（selectivity），因为它们包括分解出的那些不重要的东西。因此，怎样决定决策环境中那些方面是有关和应该被关注的，对决策制定非常重要。"因此注意力更多地意味着，它是一种机制，通过它，特征的突出新被带入决策制定的结构，特征就成为了偏好，选择性的注意是偏好被带来以瞄准选择的方式。但当选择的结构发生变化，特征的突出性（也即显而易见的偏好）也会发生变化。所以，当注意力转变的时候，决策所依赖的那些价值观也会发生转变。一个决策者可以在一个结构下最大化，在另外一个结构下最大化，但是如果注意力发生变化，那么选择也会随之而变。"② 在决策过程中，偏好被个人对决策情景的解读所启动，偏好和决策情景的结合产生了选择。在政治决策过程中，决策情景总是不断地变化，而选择也总是在转变，但是偏好并不是总是处于变化之中。因此，决策情景的变化导致对根本偏好的注意力发生了变化，进而导致选择的变化。琼斯称之为时序政治选择（temporal political choice）的悖论：即使选择已经发生了变化，偏好依然保持不变。③

对于政治决策而言，注意力的变化主要体现在对政治议程设置的影响。因为决定哪些议题要提上议程并被讨论，以及处于何种位置的过程是充满竞争性的。议题本身吸引注意力的关键是对问题的界定，因为这将影响决

---

① Jones,B.D., Jones,B.D. *Reconceiving Decision-making in Democratic Politics*. Attention, Choice, and Public Policy. Chicago: University of Chicago Press, 1994, p6.

② Ibid, p.58.

③ Ibid, pp.5-10.

策者以及其他行动者对该议题的看法，并且影响着这一问题是否能够被关注和被解决。因此，当问题的严重性不断地加深时，会引发社会公民与大众媒体的不断关注和讨论，有可能产生新的政策图景。许多政策企业家（例如议员和支出部门）就会利用这个契机，采取不同的策略对问题重新进行界定，并且运用不同的手段（例如召开听证会、大众巡回演说、重新包装政策形象）来吸引决策者的注意力，力求该议题可以登上议程的讨论。

四、制度性摩擦

琼斯等认为，制度是根据导致集体性结果的共同规则而形成的一组个体行为组合。制度规则并不是中性的（neutral），在某种程度上不同的规则会导致不同的结果。[①] 美国的政治制度把变化的政策偏好、新的参与者、新的信息或者人们对现有信息突然关注等政策输入转化为政策输出，这个过程是需要成本的，这就是制度性摩擦。这些成本包括决策成本、交易成本、信息成本和认知成本。决策成本包括行动者谋求共识和一致性时所产生的成本，其中包括谈判成本（bargaining cost）以及制度所施加的影响，例如三权分立的体制以及分权的政府。[②] 交易成本则是在共识和一致性达成后的成本，通常包括确保共识和一致性履行的成本。在市场交易中，这种履行承诺的成本通常分摊给第三方。不过鲍姆伽特纳和琼斯认为，在成熟的民主政体中，政策制定中的决策成本远远大于交易成本，特别是在权力制衡的体制中，决策成本十分高昂，因为在决策过程中往往要经历听证会、咨询会、调整预算开支分配等环节。因此，鲍姆伽特纳和琼斯把决策成本与交易成本和为一体，统称"决策成本"。[③] 信息成本指搜索相关信息为决策服务的成本。当个体或者组织要作出决策的时候，该成本就会存在。最后为认知成本，即组织是由个体组成的，因此处理能力是有限的。认知成本

① Jackson,John E.(ed.), *Institution in American Society*, Ann Arbor：University of Michigan Press,1990, p.2.

② 请参见 Bish, Robert, *The Public Economy of Metropolitan Areas*, Chicago：Markham, 1973.；Buchanan, James M. and Gordon Tullock, *The Calculus of Consent*, Ann Arbor：University of Michigan Press, 1962.

③ Jone,B.D., Tracy Sulkin and H.A.Larsen, "Policy Punctuations in American Political Institutions", *American Political Science Review*,2003, 97(1)：151-169.

的存在是由于人们并不知道他们需要作出决策。因此，如果一个人没有注意到环境变化中的重要因素，他／她就不能判断信息搜索是否带来成本。

综上所述，以上 4 个成本组成制度性摩擦，当政治制度增加投入转化的过程成本时，制度性摩擦的影响也增加。不同的组织在不同程度上都包含制度性摩擦，虽然这些"摩擦"不会产生持续性的政策僵局（gridlock），但是会导致长期的政策停滞和巨大的政策间断。琼斯等认为，但制度性摩擦力越大，要大幅度改变现状（status-quo）格局就变得越发困难。[①]

鲍姆伽特纳等认为，制度性摩擦可以产生"滞滑"的动态（Stick-slip Dynamics）。[②] 他们拿经典的物理世界作比喻，世界上有很多种"力"之间的关系，而最基本的是摩擦力与克服摩擦力的推动力。当摩擦力引入理想物理模型的时候，非简单线性的结果就会产生。[③] 在一个开放系统中，摩擦力的引入会导致物理运动模式变得松散和间断。鲍姆伽特纳等以地震为例，认为科学界能够预测到某一个地震的发生几乎是可能性很小，但是形成地震的逻辑机理却十分明确——力量函数的古登堡—里克特定律（Guttenberg-Richter Law）。而地震的形成恰恰是"滞滑"的动态的一个很好的例子。因为大部分科学家认为，地震是地下岩石突然断裂而造成的，其根源在于地球内部不断运动所造成的地壳大规模变形，而地震波能量辐射的直接原因是岩层沿地震断裂面的忽然滑移。地震的酝酿和发生过程都是极为复杂的物理过程，这个地下岩石的"应变缓慢积累—快速释放"过程具有非线性，一些地震学家更认为地震系统具有"自组织临界性"。地球的构造板块正好在一个具有相当大摩擦阻力的体系下。只有来自于地球内部的板块挤压力足够大的时候，构造板块才会移动，而且移动的距离并不是单纯构造板块受到挤压力的简单函数，移动的过程也并不是十分顺畅，而是伴随着细微和小型的移动，但挤压力足够大、克服所有摩擦阻力的时候，就会产生大幅度的板块移动，也就形成地震。

[①] Jone, B.D., Tracy Sulkin and H.A.Larsen, "Policy Punctuations in American Political Institutions", *American Political Science Review*, 2003, 97(1)：151-169.

[②] Baumgartner, Frank R. et al., "Punctuated Equilibrium in Comparative Perspective", *American Journal of Political Science*, 2009, 53(3)：603–620.

[③] Bak, Per., *How Nature Works*, New York：Springer-Verlag, 1997.

因此根据这个法则，板块移动幅度的分布并不是正态，而是呈现尖峰的状态。鲍姆伽特纳等认为，在一个开放的理想的系统里，根据中心极限定律，幅度分布应该是正态的；然而，在决策机制里面，一些低于阈值的数值被压低，而大于阈值的数字被放大，因此会形成尖峰状态的分布。基于这个假设，作为检验制度性摩擦的存在，如果政策输入端的社会信号是正态分布而输出端并不是正态分布的时候，就证明了制度性摩擦的存在。[①] 在衡量制度性摩擦上，琼斯等并没有对 4 个成本进行可操作化的测量和衡量，但对于 9 种类型的政策结果进行了峰度系数的衡量，证明了制度性摩擦的存在。特别是预算决策过程中，峰度系数最高，预算决策过程中存在高度的摩擦力。所以，某些预算议题克服制度性的摩擦力只有吸引决策者的有限注意力，才会登上政策议程，才能大幅度改变预算支出的现状。[②]

五、间断均衡理论的应用以及评述

预算决策、媒体的报道和议程、国会听证会的关注力等都是间断均衡理论涉及的研究范围。目前而言，间断均衡理论运用得较为"彻底"的领域大部分为预算决策。这可能是由于预算开支的研究可以利用跨年多维度的数据，且预算开支是具体政策演变较好的衡量指标。间断均衡理论以描述性的研究居多，通常根据预算开支变化按照频率分布曲线进行分布来描述。很多间断均衡理论描述性研究实质上是比较实际预算变化的分配与高频率渐进变化之间的差异。[③] 除了美国以外，间断均衡理论还运用到其他国家的预算支出分析。一项跨国的研究搜索 7 个国家不同政府层次的数据，包括美国、英国、法国、德国、比利时、丹麦、加拿大等，均发现预算支出

---

① Baumgartner, Frank R. et al., "Punctuated Equilibrium in Comparative Perspective", *American Journal of Political Science*, 2009, 53(3): 603–620.

② Jone,B.D., Tracy Sulkin and H.A.Larsen, "Policy Punctuations in American Political Institutions", *American Political Science Review*, 2003, 97(1): 151-169.

③ 目前很多研究都是进行描述性的分析，如 Breuning,C. and Koski,C., "Punctuated Equilibria and Budgets in American States.", *The Policy Studies Journal*, 2006, 34(30)3636-3679; True,J.L., "Is the National Budget Controllable?", *Public Budgeting and Finance*, 1995, 15(2): 18-32.; True,J ames L., "Attention, Inertia, and Equity in the Social Security Program.", *Social Science*, 1999, 9(4): 571-596; Jones et al., "Policy Punctuation: U.S. Budget Authority, 1947—1995.", *The Journal of Politics*, 1998, 60(1): 1-33.

有不同程度的间断均衡。[①]

间断均衡理论不仅是描述具体预算决策具有间断均衡的特点，而且还拓展了政策间断的比较分析。琼斯等将美国联邦1947—1994年的总体预算进行了分析，其中包括13项强制性支出以及42项选择性支出，发现均呈现间断均衡模型的尖峰分布。有趣的是，强制性的支出预算比选择性的支出预算间断的程度要低。[②] 当琼斯在2003年引入制度性摩擦之后，间断均衡理论开始议程研究的道路，并且引起学界的关注。琼斯等在《美国政治学评论》上发表了政策均衡间断在9种决策结果中的制度性摩擦，这9种决策包括股票市场平均指数、选举结果、媒体报道、国会听证会、具体法律制定的报道、联邦法律的制定与实施、总统令的执行、国会预算的分配以及总体的预算支出。由于4大成本的影响，这9种决策结果均呈现不同程度的间断均衡的状态，其中选举和股票市场的平均指数变化的峰值在3—8之间，而国会预算的分配以及总体预算支出的峰值则高于50，凭借对于峰值的判断，琼斯等对制度性摩擦进行了具体的评估。[③]

比较分析的预算研究不仅局限在联邦层面，间断均衡理论还被运用到州政府和城市级别的预算层面以及国别研究当中。布鲁宁（Christian Breuning）和科斯基（Chris Koski）对美国50个州从1982—2000年10种预算开支（劳教、教育、政府行政、健康保障、高速公路、医院、环境保护、公园和娱乐、警察与法律执行和福利）的变化趋势进行分析发现，所有州政府以及预算专项的年度加总的开支分布均呈现尖峰状态。但是各州预算支出的间断程度有所差异，在公民与较为和谐的州（例如麻省）、经济发展较为稳定的州，决策和交易成本较低，预算间断的程度也较低。[④] 乔丹（Meagan Jordan）调查了美国38个城市从1966—1992年的6项预算（消防、警察、卫生、公园娱乐、公共建筑和高速公路），发现每一项预算支出都呈

---

① 邝艳华：《公共预算决策理论评述：理性主义、渐进主义和间断均衡》，《公共政策评论》2011年第4期。

② Jones et al., "Policy Punctuation: U.S. Budget Authority, 1947-1995", *The Journal of Politics*, 1998, 60(1): 1-33.

③ Jone, B.D., Tracy Sulkin and H.A. Larsen, "Policy Punctuations in American Political Institutions", *American Political Science Review*, 2003, 97(1): 151-169.

④ Breuning, C. and Koski, C., "Punctuated Equilibria and Budgets in American States", *The Policy Studies Journal*, 2006, 34(30): 3636-3679.

现间断均衡的分布。其中，非配置类项目支出（例如是公园、高速公路与公共建筑）的间断均衡程度高于分配类的项目支出（例如是消防、警察与卫生）。笔者认为，这是源于政府运用配置类的专项支出防止中产阶级在该城市的流失，保持城市一个稳定和充沛的税基。即使在面临财政赤字的情况下，政府也会倾向于牺牲发展，而不愿意使中产阶级的流失。此外，非配置类的专项通常都是基建发展专项，通常可以得到上一级政府的财政资助，因此非配置类专项的预算优先权也十分不稳定。[①] 约翰（Peter John）和马格茨（Margett Helen）对英国中央政府的 9 项预算支出（社保、教育、国防、农业、健康、住房、工业、法律与交通）对公众舆论响应性强的预算支出（例如教育、健康等），比响应性弱（例如国防）的预算支出间断均衡程度要低，这表明政府可以变更预算水平现状的空间不大，决策的自由度和空间也不大。[②] 莫腾森（Peter Mortensen）对丹麦 273 个地方政府 1991—2003 年的 4 项预算（图书馆、道路、学校、幼托）进行比较研究后发现，4 项预算都呈现不同程度的间断均衡的现象。然而图书馆和道路支出比学校和幼托的间断程度要高，表明单一且利益集中的政策领域能形成强有力且势力集中的利益集团，也能够对相关支出项目与政府讨价还价，因此此类预算的间断程度较低。利益分散组织性差的政策领域往往缺乏与政府讨价还价的能力，在预算紧张的情况下，这类预算支出往往会被挤占。[③]

间断均衡理论自从把多元主义、有限理性、认知心理学、交易费用和组织决策制定等引入解释政策变迁后，在一定程度上拓展了以往政策研究的理论取向。间断均衡理论描述政策制定输出的过程十分有效，但同时其不足与缺陷也受到学者的诟病。学界主要批评其很少去评估间断均衡分布的原因和缺乏解释性研究[④]，以及对于均衡间断的变化因果链条始终没有给

① Jordan, Meagan M., "Punctuations and Agendas: A New look at local government budget expenditures", *Journal of Policy Analysis and Management*, 2003, 22(3): 345-360.

② John, Peter and Helen Margetts, "Policy Punctuations in the UK: Fluctuations and Equilibria in Central Government Expenditure Since 1951", *Public Administration*, 2003, 81(3): 441-432.

③ Mortensen, Peter B., "Policy Punctuations in Danish Local Budgeting", *Public Administration*, 2005, 83(4): 931-950.

④ 请参见 Robinson, Scott E. and Caver, Flounsay. R., "Punctuated Equilibrium and Congressional budgeting", *Political Research Quarterly*, 2006, 59(1): 161-166; 于莉：《预算过程：从渐进主义到间断式平衡》，《武汉大学学报》（哲学社会科学版），2010 年第 63 卷，第 6 期。

予清晰的答案 ①。然而最近的研究还是一定程度上拓展了间断均衡分布的原因比较分析。罗宾森（Scott Robinson）用 K-12 学校进行了尖峰分布的比较。通过比较峰值，他发现官僚化后的学校支出会减少并非预算过程中的间断，而非官僚化的学校预算支出呈现间断的程度要大，得出官僚化有利于学校支出的稳定。柳應河（Jay E.Ryu）开始细化制度性摩擦产生间断均衡的程度，由于存在制度所强加的信息处理和决策的过程的成本以及组织和个人处理信息的有限能力，才会出现预算支出的间断均衡现象。柳應河对美国 50 个州 1998—2004 年的 21 项预算支出进行研究发现，提高州议会的专业化程度以及提升人力信息处理的能力（主要以雇员的数量来衡量），有助于降低预算支出的间断均衡。② 虽然间断均衡理论主要运用于公共预算的研究中，但是现在很多研究表明，其分析框架已经从美国扩散到多个国家并延展到多个政府层级。此外，该理论还扩散运用到其他政策领域，例如健康政策、道路政策、水资源政策等。间断均衡理论把均衡和间断都纳入理论的考察范围，把理性主义、渐进主义、随机性以及非线性特征整合成一个系统，试图形成一种"万能"的理论。但有批评指出，间断均衡理论是基于对美国政策过程变迁的长期观察形成的，其制度结构的变量具有特殊性，如多元的政治体系、分权制度以及竞争性选举制度等③，该模型是否能够运用到其他不具备类似制度结构的国家中，依然需要学者不断的探索和努力。

第二节　地方政府污染治理行为的分析框架
——制度结构与决策者注意力

虽然间断均衡理论的建立基于美国政治制度之上，带有浓厚的美国政治决策过程的色彩，把美国的分权制度、重叠的权限和部分的公开介入动

---

① 邝艳华：《公共预算决策理论评述：理性主义、渐进主义和间断均衡》，《公共政策评论》2011 年第 4 期。

② Jay E.Ryu, "Legislative Professionalism and Budget Punctuations in State Government Sub-Functional Expenditures", *Public Budgeting and Finance*, 2011, 31(2): 22-42.

③ 杨涛：《间断—平衡模型：长期政策变迁的非线性解释》，《甘肃行政学院学报》2011 年第 2 期。

议结合在一起，把政治决策看作一种在子系统政治以及总统、国会的宏观政治系统之间的互相推动和动力变化的过程，然而，这并不代表间断均衡理论的分析框架不能运用于美国以外的政府决策过程，尤其间断均衡理论中的制度摩擦力与决策者注意力分析框架对研究中国地方政府的决策过程有相当的借鉴意义。本节尝试运用间断均衡理论的部分框架，来解释地方政府污染治理的支出行为。

在多数情况下，地方政府污染治理支出行为表现出无意实质性改变现有的支出水平，增加环境治理的努力程度，体现出一种不积极的污染治理行为。因此污染治理支出长期处于停滞与微调，有时候还会出现削减的状况。同时污染治理支出适度和中等的调整较为困难。然而，巨幅变化则多于常态的预期，这意味着地方政府对于污染治理在特定时刻还会表现出积极性以及"有所作为"。这个观察符合间断均衡理论的预测。为什么地方政府在污染治理支出领域长期表现不积极？什么因素导致这个现象？什么机制导致市级政府污染治理行为突然变得积极，从而出现支出的大幅度增长？即便来自于美国或者分权国家的决策过程，间断均衡理论对于中国地方政府环境决策行为还是有一定借鉴意义，特别是在解释政府支出行为长期不积极的"停滞"或者"微调"状态以及间断式的积极性行为。本书从间断均衡理论的视角提出了分析地方政府污染治理行为的分析框架——"制度结构与决策者的注意力"框架（见图 4-2）。

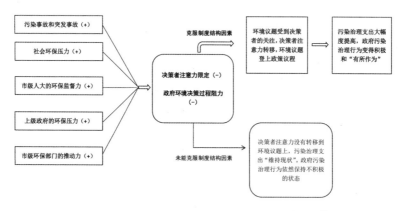

图 4-2 制度结构与决策者注意力的分析框架 [①]

① 注：正号表示推动力；负号代表阻力。

一、制度结构

在解释政策变化渐进与停滞的问题上，间断均衡理论认为，制度结构是重要的原因。在这个制度结构因素里有两大核心因素，即子系统的政策垄断以及制度性摩擦。然而在中国地方政府的决策过程中，并不存在明显的政策垄断的子系统。然而，制度结构所施加的阻力确实存在，由于中国特殊的政治制度安排，制度结构所施加的制度性阻力也比较明显，并且在整个决策过程中起着"负反馈"的作用。由于相应的阻力存在，改变地方环境决策的现状（status-quo）较为困难，使得地方政府污染治理行为长期表现缺乏积极性的状态。制度结构所施加的阻力由两部分组成，一是地方政府决策过程的阻力；二是决策者注意力的限定。

（一）地方政府决策过程的阻力

市级政府环境决策过程的阻力主要来自于决策过程中产生的交易成本。交易成本经济学家威廉姆森（Oliver Williamson）认为，交易成本的经济学分析单位主要是交易及其合同，任何能够描述合同问题的关系都可以从交易成本经济学的角度来分析。[1] 马骏认为，"政治活动本身就是一种交易，这种政治的交易都是可以从合同的角度来考察的。"[2] 交易成本也开始广泛运用于政策制定的过程分析中。马骏与侯一麟用交易成本的理论框架来正式的制度施加在预算制定过程中很高的交易成本。[3] 在地方政府环境决策的过程中，正式的制度同样施加了很高的交易成本，使得改变环境政策输出现状变得困难（表现为环保预算结果）。从交易成本的经济学角度来看，交易成本是指在制定和实施合同过程中发生的各种成本，包括合同形成过程中的事前成本，如讨价还价的成本、协调的成本、信息的成本、时间的成本等；以及确保合同实施的事后成本。本节分析所关注的交易成本主要是决策过程中的交易成本，即事前交易费用。

---

[1]　Williamson, Oliver E., *The Economic Institution of Capitalism*, New York：Free Press, 1985, pp. 13-17.

[2]　马骏：《交易费用政治学：现状与前景》，《经济研究》2003 年 1 期。

[3]　马骏、侯一麟：《中国省级预算中的非正式制度：一个交易费用框架》，《经济研究》2004年 10 期。

第一，决策过程中的交易成本往往来自权力结构的破碎化。李侃如等提出用"破碎化的权威主义"（fragmented authoritarianism）来描绘中国政府政策制定过程的特征。中国的政治体制在最高层之下的权力是相对分离的，官僚政治的层级体系和权力的功能划分相结合，使得没有哪个单独部门的权威可以超过其他部门。各个部门会根据自身的利益制定部门政策或者影响政府政策制度的过程。因此，业务政策体系内部会出现"协调难"的问题，对决策制定背后的利益和意见的整合机制往往存在"失效性"。公共政策的决策过程变成部门之间相互博弈的过程，碎片化决策的成本提高、周期变长和大量的资源和时间被用于部门利益的争夺和扯皮之中。

权力结构的破碎化不仅出现在中央层级的决策过程中，还出现在地方政治的决策中。在市级政治中，虽然政府的"一把手"（市委书记和市长）对于决策的选择有决定性的影响力，然而在决策过程当中，尤其是分管领导体制的存在，副市长以及其他市委常委对决策结果的影响力依然存在，他（她）们掌握着一定的决策制定权。按照职能的分工，每个副市长都分管某几个政策领域，市委常委也会分管一些政策领域。[①] 在市级政治中，通常会出现8—9名分管领导。分管领导分管的政策领域实际上是每个领导的"政策领地"。在决策过程中，分管领导实际上是代表政策领地的官僚机构或者部门的利益代言人。在这种体制之下，除了"一把手"优先处理的政策和项目以外，其余政策的制定或者项目的提出就涉及各个分管领导之间、分管领导与部门之间以及部门之间的讨价还价。最后的决策结果通常取决于相互讨价还价的权力。

分管领导以及部门领导对决策结果有多大程度的影响，特别对市级预算决策结果，很大程度上取决于党内的政治支持以及政治网络。然而，在市级决策核心党委常委成员中，一般不包括分管环保的地方首长，更不用说各地环保部门的领导人。一般而言，各地会安排一位政府的副首长（副市长）分管环保在内的一系列事务。例如广东省珠海市分管环保的副市长张宜生并不是常委成员，同时他分管负责国土资源，环境保护，生态建设、规划、城乡建设、交通、港口行政管理，经营开发、市政、林业、城市管

---

① 市委常委有时会分管政策领域，有时候会分管党内事务。

理行政执法等。分管经济与发展改革副市长祝青桥则为党委成员。^①可见，在地方政治权力结构中，分管环保的地方政府领导人和环保主管部门的领导一般不在决策的核心圈，意味着他们在整个政策制定和预算决策过程中谈判和议价能力较其他分管领导弱。在努力争夺有限的财政资源时，他们要想通过预算决策过程来改变现有的环保支出水平，需要付出更多的讨价还价的成本。

第二，一个新的环保项目和环保政策通过也会带来市级环保支出的增长。从第二章的论述中可以得知，环境治理的职责被分散，职责的划分也呈现"破碎化"的状态。这无形中增大了地方环境决策的交易成本。根据现有的环保职责划分（参见表 2-4），在环境决策过程中，共有 11 个职能部门具有影响力，职权的"破碎化"和职权交叉化使得环境决策成本偏高。例如，水污染治理的决策，可能会涉及各级环保部门、水利部门、水务局等。如果水污染治理决策涉及工业污水的治理与近海水资源，决策过程还可能牵涉地方经贸委以及海洋局。大气的污染治理则牵涉环保部门、发改委以及交通部门等。除了环保部门以外，其余的 10 个部门实质上还被赋予其他经济领域的职责，这些部门利益并不总是与环境利益相一致，甚至与环境利益背道而驰。^②例如，水利部门负责水资源的保护，同时其部门利益强调水资源利用、水电站开发与梯级开发等^③，而水资源的保护往往会冲击水利部门的利益。负责减排和气候保护的发改委，其主要的权利在于制定宏观的经济政策以及能源价格的调控，在某种程度上就阻碍新能源的使用以及对于二氧化硫和氨氮污染物排放减少的努力。在调研过程中发现，在 S 市机动车尾气排放补贴政策的制定过程中，环保部门与发改委之间产生了不少的分歧。由于柴油发动机动力效能比较好，发改委并不鼓励淘汰柴油发动机作为汽车的引擎，如果取缔柴油发动机作为汽车引擎，对于当地柴油发动机企业来说是一个重大的损失。但是环保部门认为柴油发动机应该

---

① 珠海市政府网站，http://www.zhuhai.gov.cn/zw/szzc_44491/zys/。

② Jahiel, Abigail R., "The Organization of Environmental Protection in China", *The China Quarterly* (Special Issue: China's Environment) , 1998, 156: 757-787.

③ Andrew Mertha, *China's Water Warriors: Citizen Action and Policy Change*, Cornell University Press, 2008, pp. 34-56.

逐步取缔，因为柴油发动机的尾气十分严重，造成大气的污染。同时发改委鼓励使用二手车和旧车，并且倡议给予一定的补贴，然而环保部门认为柴油发动机应该逐步取缔。[①]

因此，环境决策过程中存在两个特征，即权力结构的"破碎化"以及环保职责划分的"破碎化"，这两个特征是制度赋予的。这意味着在市级环境决策过程中，尤其是预算决策过程中，会出现许多冲突，要达成一致的环境决策结果就要付出很高的交易成本，主要包括：（1）讨价还价的成本。在这个决策制度下，许多分管领导和部门都对各自的政策领域有发言权，为了争夺有限的财政资源，决策过程中的讨价还价也会激烈，讨价还价的成本（包括时间成本和信息成本）随之就会非常高，改变现有环保支出水平的难度也随之增大。（2）协调的成本。由于职责划分的"破碎化"，即使相关部门赋予一定的环保职责，但是相关部门最主要的职责还是在经济领域。因此，要改变现有的环境政策选择，除非是"一把手"认为优先处理的项目或事项，否则就涉及非常高的协调费用。在 A 市、S 市和 Q 市的受访官员均表示，如果涉及环境利益以及其他部门的利益在决策结果上的冲突，市长办公室（通常是市长、副市长和常务副市长）要花很多的时间和精力来协调其他部门对相关决策预期带来的冲突和不满。

第三，市级的环境决策还面临着排污企业对决策的影响。许多排污企业会联合组建企业协会，而企业协会则变成企业与政府之间的沟通桥梁，协会会密切关注政府的动态，及时向企业传达信息，搜集意见和建议，向政府反馈。污染企业以及形成的协会对于政府决策者的作用因个案而定，但是如果某项环境决策引起许多企业的不满，尤其是超大型污染企业，协会便会迅速组织起强大的力量与政府进行讨价还价，增加谈判的筹码。在 Z 市的调研发现，超大型污染企业以及形成的协会对政府的决策具有一定的影响力，它们往往与政府职能部门如经贸委或者发改委、政府的政策研究机构如市委市政府政策研究室甚至是市政府的核心决策圈，有密切的联系和沟通，通过影响它们的决策意向或者政策意见，使环境决策输出有利于污染企业的生存和发展。由于企业治污成本的高昂，企业依然不愿意增加

---

① 访谈资料 S 20130110a。

污染治理投入。因此，如果排污企业理论上贡献的税收越多，占税收收入的比重越大，政府对于排污企业的依赖度就越强，排污企业在环境决策的话语权就越强，政府也不得不考虑排污企业的利益要求，在环境决策过程中形成更高的交易成本，要改变现有的政策以及决策都变得困难，排污企业便成为环境决策过程中的阻碍因素。

（二）决策者注意力的限定

对于决策者而言，决策环境中的信息输入处于过量状态（information-rich），如何把处理的各项问题进行排序和优先化，是政府首先要处理的问题。"优先化"本身意味着考虑一些事项（items）的同时忽略另一些事项，被忽略的事项通常是被认为"不那么迫切"或者"不那么重要"[1]，而这个过程本身就是决策者注意力配置的过程。对于过量信息输入的决策环境中，决策者往往使用一系列"指针"（indicators）来对多元管道获得的信息进行筛选和过滤，从而对外部环境有"事实上认知"和对外部环境所存在的重要趋势有更深入的了解，琼斯和鲍姆伽特纳认为，决策者和组织机构这种处理信息的方法是"隐含指标构建"（implicit index construction）。[2]决策者在进行决策时，对不同信息赋予的"权重"（weights）都不同，决策者的注意力配置与这套指标的权重有很大的关系。然而，这套指标并非完美，由于指标的"权重"以及指标不完全穷尽的关系，对外部环境的事实认知会存在一定的偏差。同时"指针建构"影响决策者或者组织对于事项的"紧迫性"和"重要性"的认识。外界环境输入的每项问题和议题都经过这套隐含指标体系的评价和筛选，有些议题和问题会脱颖而出进入政策议程，有些议题和问题却没有让决策者感知到"紧迫性"和"重要性"。决策者"隐含指标建构"的过程，实质上就是决策者注意力配置的过程。决策制定过程，决策者重视哪些指标、哪些评价维度、哪些目标，实质上是把事项中的某些突出特征带进决策。假如经济绩效是其中一个举足轻重的评价维度，那么轻微的经济下滑也许被决策者感知为问题"非常严重"；如果经济绩效是一个不重要的评价维度，那么解决经济下滑的议题未必被认为是

---

[1]　Jones,B.D. and F.R. Baumgartner, *The Politics of Attention: How Government Prioritizes Problems*, Chicago：University of Chicago Press, 2005, p. 11.

[2]　Ibid, p 58.

"非常紧迫"的事项。

"隐含指标建构"的过程并不是完全固定和不变的，往往受决策的语境情境影响[1]，同时也会受制度结构框架引导。对于决策者而言，注意力是稀缺和有限的，许多指标（或者称为目标或者评价维度）都可能与决策过程，但是决策者制定者注意力往往被固定在几个范畴和特定情境，因此形成注意力的固定。索恩盖特（Warrant Thorngate）提出了人们形成分配注意力的规则（如官员考核指标体系），其方法是既处理吸引注意力又处理固定注意力的尝试。分配规则使得人们忽略一些刺激物，而关注另外一些；他们还共同使注意力固定，直到一个任务完成。[2]奈塞尔（Ulric Neisser）和马戈利斯（Howard Margols）把这种"固定的决策"整合到他们认知循环的模式中，就马戈利斯，一个提示模式的联系一直保持着，直到这一联系的重大失败发生后。[3]

如果某个环境议题是市委书记或者市长优先处理的议题，那么"地方政府决策过程的阻力"部分所讨论的决策过程中较高的交易成本就会大幅度降低。然而，在地方政治中，决策者的注意力常常被限定，使环境议题得不到应有的重视。决策者的注意力限定大部分来源于官员的干部考核制度。

中央的改革者运用一套激励地方官员的机制和规则来实现中国经济的飞跃增长。每一个级别的政府都会赋予下属政府充分的灵活性，使下级政府能够促进经济的增长，从而维持社会和政治的稳定。然而，这套激励地方官员行为的考核制度存在"不平衡与不合理"的晋升评价标准，把地方官员的注意力固定在经济发展和财税收入上，而忽略了其他政策领域。[4]通过官员干部考核指标体系，GDP 的指标逐步取代过去的政治挂帅而成为考核地方政府业绩的主要标准，从实际的效果来看，地方政府对 GDP 的追

---

① Jones,B.D. and F.R. Baumgartner, *The Politics of Attention: How Government Prioritizes Problems*, Chicago: University of Chicago Press, 2005, p.275.

② Thorngate, Warren, "On Paying Attention", in William J. Baker, L.P. Moos, and H.J. Stam,eds. Recent *Trends in Theoretical Psychology*, New York: Springer-Verlag, 1988.

③ 请参见：Margols, Howard.Patterns, *Thinking, and Cognition*, Chicago: University of Chicago Press, Neisser, Ulric. 1976, Cognition and Reality, San Francisco: W.H. Freeman, 1987.

④ Mei Ciqi, *Brings the Politics Back In: Political Incentive and Policy Distortion in China*, Ph.D. Dissertation, The University of Maryland, 2009.

求确实推动了中国的经济发展。对于考核地方官员的标准，虽然具体内容几经调整，但是其原则维持了相当的连贯性。2006 年实施的《中华人民共和国公务员法》展现了一些总体性的原则，包括对公务员考核从"德、能、勤、绩、廉"五个方面进行。[①] 但是在实际操作上，地方官员上任之际，他们会被指派各种各样的任务指标，上级政府准备好一张详细规定指标、考核程序和奖惩措施的"责任状"。这些不同的考核指标通常依照重要程度被排序，它们被分为优先指标、硬指标和一般指标。[②] 通常而言，GDP 的增长率以及税收收入等经济方面的业绩，常被列为硬指标，而计划生育以及社会稳定则被列为优先指标，其他政策领域就被列为一般指标。对于地方领导而言，完成硬指标和优先指标是最重要的工作，这两项指标对官员的升迁与奖励有否决力（veto-power）和重大的影响。如果无法完成上述指标，地方领导在考核时，其他工作方面的业绩也会被一笔勾销。尽管环境治理被列入官员考核的指标体系中，然而在实际操作过程中，其中重要性还没达到硬指标与优先指标的序列。即使 COD 和 SO_2 的超额完成减排指标，地方官员也不会得到政治上的奖励（例如升迁）。[③]

《环境保护法》明确规定，各级人民政府对于本辖区的环境质量负责，但是并没有规定官员的问责制度，因此被地方官员认为是"软法"。在他们看来，环保工作是"讲起来重要，干起来次要，忙起来不要。"[④] 地方官员倾向于把注意力放在硬指标和优先指标上，而长远的环保利益则不太被关注或者甚至被忽略。即使在 2006 年公布的《体现科学发展观要求的地方党政领导班子和领导干部综合考核评价试行办法》出台"可持续发展"的重要性被凸显，但是相关的办法主要是从程序上规范考核制度，对于相关的具体比重并没有做出硬性规定。经济绩效方面的注意力惯性依然存在。

从"十一五"开始，中国采取自上而下的"督政模式"来确保环境治

---

① 1993 年颁布的《国家公务员暂行条例》中只包括"德、能、勤、绩"四个方面。

② Maria Edin, "State Capacity and Local Agent Control in China：CCP Cadre Management from a Township Perspective ", *The China Quarterly*, 2003, 173：39.; Tony Saich, "The Blind Man and the Elephant：Analyzing the Local State in China", In *East Asian Capitalism: Conflicts, Growth and Crisis*, ed. Tomba, Luigi. Milano：Feltrinelli, 2002, p.32.

③ 访谈材料 A20121114a；S20130110e。

④ 访谈材料 A20121113b；Q20130313h。

理的实现，通过强化目标考核责任制不断形成考核压力，并控制地方政府
"一揽子"排放物的削弱量和新增量，以推动地方政府对其辖区内的污染企
业采取监管措施。[①] "十二五"规划更设置了 7 项约束性环境指标以强化对
地方环境质量的考核，部分环境指标也进入地方干部考核体系指标中。但
有研究敏锐地发现，由于环境指标与官员仕途的升迁没有实质性联系，环
境指标的"强化"对地方干部执行中央环境政策的推动力不足。[②] 在属地化
管理体制下，减排考核高度数字化，容易滋生各种数字游戏，并出现操纵
统计数据的方式应付上级考核，环保监管执行常常停留在纸面上。大区域
督查制的探索也同步展开，以解决跨区域执法的问题。2006 年，在全国范
围内组建了 5 个环保督查中心，直接向地方派出执法监督队伍，开展协调
执法机制的初步尝试。鉴于其执法督查机制未成熟，在执法督查实践中相
继出现了人少事多及权威性缺乏等问题，导致环保督查机制的作用无法得
到有效发挥。[③]

在这个干部管理体制和注意力稀缺的假定下，决策者判断议题和问题
"紧迫性"和"重要性"的关注点往往受官员考核指标体系所传递的"信
号"固定，使得决策者长期关注于经济绩效（评价）方面以及社会稳定
（评价）方面（也就意味着其赋予的权重很高），而对于环境利益方面却不
够重视（或者说赋予的权重不高）。因此，经济发展相关的议程和问题以及
社会治安管理的议程更加容易脱颖而出，进入政策议程；而环境议题既不
能带来经济上的绩效，同时期环境利益也不受决策者的关注，因而相对较
难进入政策议程。

总体而言，市级政府环境决策过程的阻力使得市级政府环境决策的交
易成本非常高，改变现有环境政策选择以及现有环保支出水平变得困难，
同时决策者注意力的限定也使决策者把注意力转向环境议题的难度较大，
环境议题成为重点关注的政策议程变得困难。在这两个阻力的影响下，市

① 黄冬娅、杨大力：《考核式监管的运行与困境：基于主要污染物总量减排考核的分析》，
《政治学研究》2016 年第 4 期。
② ［德］托马斯·海贝勒、［德］安雅·森茨：《沟通、激励和监控对地方行为的影响：中国
地方环境政策的案例研究》，载于［德］托马斯·海贝勒等编：《中国与德国的环境治理：比较的
视角》，杨惠颖等译，中央编译出版社 2012 年版，第 32—38 页。
③ 尚宏博：《论我国环保督查制度的完善》，《中国人口·资源与环境》2014 年 S1 期。

级政府环境治理支出表现出长期停滞或者微调甚至削减的状态，市级政府污染治理行为长期处于"不积极"的状态。

二、决策者的注意力

什么因素能够使政府污染治理支出行为变得积极？现有的激励理论等均以稳定的偏好作为假定，无法解释决策结果的巨大变迁或者决策结果的逆转。间断均衡理论认为，决策者的注意力是决策选择大幅度改变的根源。间断均衡理论实际上是一个基于议程的理论。政策议程是为了制定政策和执行所选政策。哪些政策能够被提上议程的过程是具有竞争性的，而这种竞争性源于决策者认识的局限性。间断均衡理论认为，决策者处理信息的能力有限，决策者不能在同一时间内应付所有的问题。在拥挤的政治环境下，某些议题没有被接纳是可以理解的，引起决策者的注意是非常重要的，以至于议题能够脱颖而出。因此，政府污染治理行为大幅度变化的根源并不是偏好的改变，而是来源于注意力的转移。在地方政治生态中，各级政府主要党政领导干部实质上对整个政策决策的过程有决定的影响力。因此，环境议题能否登上政策议程，很大程度上受主要党政领导干部和"一把手"对于环境议题注意力的影响。

关于偏好与注意力的讨论，间断均衡理论先从"信息处理"的角度出发。人类是一种信息连续的处理器，但是由于注意力的稀缺性，从个人决策的角度而言，人类的注意力一次只能连续关注一件事情，或者最多几件事情。[1] 每个外在刺激物都会被其特征和维度结构化，当要评价这些维度和特征的时候，就形成所谓的"偏好"。但是由于万物都是处于多维度的状态，因此偏好往往处于冲突之中。例如，不同的候选人有不同的政党归属、政治意识形态、外貌特征等。这些特征的其中几项配合一个合适的语境（context）便会形成选择的偏好。偏好是相对固定的结构化评价，但是否得到这个结构化评价，还需要注意力的配合。语境实际上是指在特定时间点上、在纷扰复杂环境中哪些方面对决策者而言是显著的，而这个

---

[1]　Simon, Herbert A., "The Logic of Heuristic Decision-Making", In R.S. Cohen, and M.W. Wartofsky. eds., *Modes of Discovery*, Boston：D. Reidel, 1977；Simon, Herbert A., *Reason in Human Affairs*, Standford：Standford University Press, 1983, pp.12-18.

"判断"显著性的过程实际上就是对环境认知的选择性过程，即注意力，在这个过程中可以分解环境中那些不太重要的东西。因此，注意力的变化实际上影响决策者追求哪些偏好，注意力的焦点变化能够改变决策者关注的偏好。

一个决策者可以在一个评价维度结构下最大化，在另外一个评价维度结构下最小化，但是如果注意力发生变化，那么选择也会随之而变。① 所以，在决策过程中，偏好被个人对决策语境的解读所启动而产生选择。但是在政治决策过程中，决策情境总是不断地变化，而选择也总是在改变，但是偏好并不是总是处于变化之中，变化的不是偏好本身，而是追求哪些偏好。因此，决策语境的变化导致对根本偏好的注意力发生变化，进而导致选择的变化。琼斯称之为时序政治选择（temporal political choice）的悖论：即使选择已经发生变化，偏好依然保持不变。② 因此注意力变化更多地意味着它是一种机制。通过它特征的突出被带入决策制定的结构，特征就成为偏好，选择性的注意是偏好被带来以瞄准选择的方式。但是当选择的结构发生变化，特征的突出性（也即显而易见的偏好）也会发生变化。所以，当注意力改变的时候，决策所依赖的那些价值观也会发生改变。在上一节，制度结构把决策者的注意力"固定"在数量有限的评价维度之上，注意力的转移受制度结构的限制，引起了"结构性的均衡"，即环境的议题长期没有受到应有的关注，而使环境决策的结果依旧遵循着"路径依赖"的模式进行，市级政府长期保持对环境治理的不积极和奉行"不出事逻辑"。要打破这种"路径依赖"的均衡，必须把与环保相关的各种"冲突评价指标"（如是污染问题的严重性、环境生态安全等）插话式地进入（episodic）均衡结构的模式当中，决策者的注意力配置发生改变，并且引起决策者对环保的注意力，环境保护的议题才能够脱颖而出，进入政策议程，政策的机会之窗打开，才有改变市级政府污染治理行为现状的可能性。

什么驱动因素导致地方政府决策者的注意力发生变化，并且转移到环境议题上？金登认为，能够引起决策者关注的途径有三个：一是指标，指

---

① Jones,B.D., *Reconceiving Decision-making in Democratic Politics. Attention, Choice, and Public Policy*, Chicago：University of Chicago Press, 1994, p.58.

② Ibid,pp.5-10.

标可以用来评估问题的重要性以及确定问题的变化，如婴儿的死亡率指标可以判断是否需要为胎儿保健提供更多的基金；二是焦点事件，包括危机事件或者突发事件，如恐怖袭击的发生会促使国家安全的支出增长；三是回馈机制，这个机制可以是正回馈的机制，如市民的投诉、公民的游行抗议，也可以是负反馈机制，即巩固现有的政策框架，通常正回馈机制会更加容易引起决策者的关注。[①] 金登引起决策者关注的机制具有一定的借鉴意义，特别是回馈机制的部分，以下分析引起决策者环保注意力可能性的驱动因素。

（一）污染事故和突发事件

污染事故的出现是环境质量不断恶化以及危及公众生命安全最强烈和最直接的信号。因为污染事故的出现会迅速吸引公民、媒体与社会组织的关注。同时，突发事件是新的公共政策的催化剂，是引发广泛关注的触发机制，同时也是迅速引起政府以及决策者处理环境问题重要的压力来源之一。焦点事件如大规模或有影响力的环境抗争和抗议以及重大的污染性危机事件等可以引起社会普遍的关注，迅速吸引决策者相关议题的关注力，迫使决策者迅速调整议程。例如，厦门的 PX 事件、昆明的 PX 事件、北京和广州反对垃圾焚化厂的事件等，相关的议题均引起决策者的迅速关注，因为这些事件的发生可能潜在对部分群体造成利益上的损害，经过大众媒体的放大，形成非常强大的民意压力，迫使政府调整政策失误或者现有的决策议程。突发事件的范围越广、强度越大，越能促使决策者的注意力迅速发生转变，更能触发强烈的政策回应。

（二）社会环保压力

在中国地方环境决策的过程中，市民对于环境保护的关注力以及逐渐成长的公民社会对于环境保护的要求，形成一种环境保护关注压力，对决策系统造成压力，并且成为引起决策者的注意力转移到环境议题的驱动因素之一。对于决策以外的社会环境要求和压力，主要是以公众的环境投诉和信访、媒体的环境污染报导、社会组织的倡导、公民的环境抗争以及重大的污染性危机事件等方式出现。

---

① Kingdon, John, W., *Agenda, Alternatives, and Public Policies*, Boston: Little Brown, 1984.

中国的政治生活中缺乏有序的公众参与，除了传统文化的原因以外，还由于缺乏参与的途径。"信访"是在中国政治生活中能够让公众进行"政治参与"为数不多的途径之一。"信访"的说法是 1949 年之后才出现的，是政府各级各类机关在处理群众来信来访的实践中提出来的。① 信访也被视作合法的投诉和申诉的途径。但是，从参与的本意来看，这并非一种有序的政治参与，而是一种非秩序性的政治参与。有研究认为由于环保决策过程中政府低度开放，公众参与的程度低，信访制度变成了公众可以影响决策结果的"非常态"的公众参与。② 一些经验研究也表明，公民的环境信访可以迫使地方官员更加关注辖区内的污染水平，促使地方政府在环境治理上的努力。③ 环境信访可以促使地方官员关注环境议题，这可能来自于对地区社会稳定的关心，毕竟群体性事件和越级上访等量化指标是具有严格约束力的"硬指标"，带有一票否决的性质。

除了公众投诉与信访以外，社会组织的倡导和媒体的报道同样能够形成社会环保关注压力，吸引决策者对环境议题的注意力。在中国各类社会组织中，环保社会组织最为积极，自从 1994 年中国首个民间组织——自然之友在北京成立以后，民间环保组织开始在各地大量成立。许多环保组织通过接触媒体和网络平台，从事环境倡议的工作，呼吁政府改善生态环境，并且借用媒体平台对一些破坏环境的行为、工程和计划进行曝光，形成一定的舆论压力。以怒江事件研究为起点，许多研究认为，中国环境社会组织在特定的事件上起到了外部议程设置者的角色。④ "外部议程设置者"的描述是否夸大中国环境社会组织的角色还有待学术的考察。环境社会组织通过倡议、沙龙、论坛、座谈会等方式把环境议题带入公众讨论的视野，对公众环境启蒙运动的开展、公众环境意识的提高起了很大的推进作用。

---

① 曹康泰、王学军：《信访条例辅导读本》，中国法制出版社 2005 年版，第 51 页。

② 陈继清：《我国信访制度存在的问题及其完善措施》，《中国行政管理》2006 年第 6 期；陈丹、唐茂华：《试论我国信访制度的困境与"脱困"——日本苦情制度对我国信访制度的启示》，《国家行政学院学报》2006 年第 1 期。

③ Dasgupta, Susmita and David Wheeler, "Citizen Complaints as Environmental Indicators: Evidence from China", *Policy Research Working Paper Series 1704*, 1997.

④ Andrew Mertha, *China's Water Warriors: Citizen Action and Policy Change*, Cornell University Press, 2008, p. 13.

公众与环境研究中心的主任马军就是一个例子。他创立了中国首个水污染公益数据库"中国水污染地图"，曝光了数千家污染水源的企业，并且勇于揭发地方干部和企业污染水源的行为，引起了公众对中国各地水污染的讨论。环保组织虽然数量不大，但能量巨大，原因之一是很多组织与大众传媒有千丝万缕的联系，传媒把环保组织的声音以放大的方式传播出去，无形中加大了它们的影响力。[①] 在中国，媒体的角色一直被定为"宣传喉舌"。随着传媒行业市场化的发展，媒体机构必须在激烈的市场竞争中求得生存，追逐利润便成为媒体机构的主要驱动力，其发挥的功能也日益改变。在竞争的压力下，媒体往往主动"三贴近"，报道很多负面和敏感的新闻，评论很多敏感的话题。同时，媒体也成为许多精英和政策倡导者的平台，为各种利益要求开辟了表达的空间。随着环境的持续恶化，环境议题也成为中国媒体报道的关注点。许多媒体敢于揭露地方的环境事件，曝光地方的污染治理不力的问题。有许多报纸和新闻网站甚至开辟了专版来报道环境新闻，如《南方周末》的绿版和新浪环保等。媒体的影响力通过新闻报道的操作以及阐释新闻的手法来界定社会问题，并将这些问题包装成危机问题，引导公民关注，迫使政府重视某个问题而采取措施解决问题。在媒体的放大效应之下，很多地方性的环境问题报道很快就成为公共性议题，许多环境的议题被重新带入公众的视野，并迅速吸引决策者的环保注意力。

因此，自下而上的社会环保压力不断地把环境问题所引起的"社会稳定""环境利益"甚至"民生利益"等冲突性方面凸显于决策者的决策语境当中，推动决策者注意力的变化。

（三）市级人大的环保监督力

名义上，国家的一切权力属于人民，人民行使国家权力的机关是全国人民代表大会和地方各级人民代表大会。因此，名义上作为各级人民代表大会执行机关的各级人民政府必须接受人民代表大会及其常委会的监督。然而部分研究表明，由于各级人大及其常委会在多数情况下在党委组织领导下展开活动（"党管干部"的体制），地方人大与监督对象之间特别是与地方党委组织之间是"从属"的关系，而人大代表的选举在多数情况下是

---

① 王绍光：《中国公共政策议程设置的模式》，《中国社会科学》2006 年第 5 期。

上级提名的党委组织部审查结果的认可过程。① 地方人大因此被批评对地方政府监督制约和独立性不强，严重影响人大代表对于民意表达的可靠性，沦为"橡皮图章"与"表决机器"，甚至出现"官官相护"的情况。不过最近的研究开始对地方人大的角色转换进行了论述。对于地方人大而言，为求独立性以对抗地方党委是"不明智且危险的"，它们采取获得地方党委的支持以及跟政府合作的方式，以求在地方政治事务中发挥作用。这种"嵌入"的策略并不是权宜之计，而对于不断成长的地方政治力量而言是策略性最优。② 随着机构和制度的不断改革和完善，地方人大逐渐淡化"橡皮图章"和"表决机器"的形象，慢慢成为地方政治事务中一个强大的政治力量，特别是在立法和政府监督这两个方面。③ 地方人大出现否决法院的工作报告和拒绝批准某些政府官员局长的情况。④ 同时，人大代表的独立性逐渐增强，个别人大代表会以个人的名义对某些环境问题进行调查和调研，"橡皮图章"的色彩慢慢淡去，监督政府决策施政的力度也慢慢增强。在整个市级决策体系中，市级人大虽然对决策过程中的影响力不及党委以及政府，但是法律赋予人大的监督权力使政府相关部门必须重视人大提及的议题，如果人大反映的问题是群众反映非常强烈的、迫切解决的或较为严重的，就会引起政府高层决策者的关注。

市级人大对地方政府的监督依据《各级人民代表大会常务委员会监督法》与《地方各级人民代表大会和地方各级人民政府组织法》，其中最为常用的监督方式有执法检查、个案监督以及议案提出（包括质询以及提出批评、建议和意见）。执法检查作为一种严格意义上的法律监督方式，是20世纪80年代中期由地方人大常委会首先提出来并且付诸实践的。1993年的《关于加强对法律实施情况检查监督的若干规定》肯定了这一个方式，通常用于监督地方政府的执法、个案监督以及法律执行等。

在环境保护领域里，除了执法检查，市级人大试图影响地方决策最为

① 朱光磊：《当代中国政府过程》，天津人民出版社2006年版，第336页。

② Young Nam Cho, "From Rubber Stamps to Iron Stamps: The Emergence of Chinese Local People's Congresses as Supervisory Powerhouses.", *The China Quarterly*, 2002, 171: 724 -740.

③ Young Nam Cho, *Local People's Congresses in China: Development and Transition*, New York: Cambridge University Press. 2008, p. 163.

④ Ibid, pp. 1-2.

常用的途径是提出议案，通常是以质询，提出批评、建议和意见的形式出现。质询案属于提案的一种，是指在地方人大会议或地方人大常务会议期间，由一定数量的人大代表或者人大常委会人员组成，按照法定程序对地方政府行政机关、审判机关和监察机关的公务活动提出的质问。被质询的机关必须对相关的质询进行回复或者解释。[①] 这种质询实际上是对"一府两院"在实际工作和行为不满的一种表现。通常这类质询案的内容都涉及人民群众普遍关心或者强烈反映不满的事宜、重要的社会事件、财政预算执行以及决算等重大问题。对于政府施政的质询往往会引起政府决策者的关注，例如在2000年的广东省人大会议上，25名人大代表对省环保局的执法和不作为提出了质询，而环保局给予的两次回答都没有令人大代表满意。人大常务委员会和人大分别约见了分管环保的副省长，建议省政府撤销一名副局长的职务，结果省环保局局长被调离，而一名副局长被撤职。[②]

　　提案除了质询案以外，提出批评、建议和意见则是对政府施政提案的另外一种形式。这是指各级人大代表向人大代表会议及其常委会对政府机关各方面工作提出的批评、建议和意见。被提出的相关机关和组织必须认真研究处理相关的建议，并且必须回复人大代表或者其常委会。批评和建议的内容包括督办政府工作以及催办和建议落实相关事项等。[③] 随着经济不断发展和污染程度日益被注意，环境保护的相关议题从20世纪90年代起就逐渐成为市级人大代表重点关注的议题之一。有统计表明，在宁波市优秀的人大议案和建议中（第十届和第十一届宁波市人大会议），环境保护的议题占了17.7%，是除了经济建设和农村建设以外，总数占比第三位的议题。[④] 在逐渐淡化过去"走过场""人大代表说说就算"的状况下，环保议案和建议的提出对推动政府决策者的注意力向环境议题的转移越来越强。例如，作为副省级城市的沈阳辽中县代表在沈阳市十二届人大三次会议上

---

①　徐世群、李尚志、刘朝兴等：《地方人大监督工作研究》，中国民主法制出版社2005年版，第138页。

②　同上书，第143页。

③　同上书，第359—361页。

④　《宁波市人民代表大会志》编纂委员会：《宁波市人民代表大会志》，中华书局2010年版，第488—501页。

提出了《关于蒲河整治的议案》，建议政府处理蒲河水质不断恶化以及防洪等问题，引起了与会者的关注。人大常委会经过讨论将此列入会议的议程和讨论，迫使市政府的领导对蒲河问题进行关注。沈阳市政府从 2000 年起投入 1.38 亿元，对河道进行治理的工作。① 除此以外，沈阳市人大代表在人代会上联名提案和建议，要求对沈阳冶炼厂进行停产和搬迁工作，因为该厂严重污染居民的生活环境，造成周围居民的极大不满。该议案和建议很快就受到市政府常务会议的关注。② 2001 年，沈阳市政府决定将其停产和搬迁。这些现象不仅在副省级城市出现，在地级市级别城市也出现过。2004年，金华市四届人大六次会议上，10 名代表提出了关于"整治水污染、保护母亲河"的议案。大会主席团会议审议定为重要的议题，并且要求市政府相关部门进行处理。该提案也受到了市政府决策者的关注，并且由副市长担任组长，带领环保、城建以及水利部门进行考察并且提出处理的方案。同年 7 月，市长徐止平对处理的进程进行实地调查，并要求拨款 1.2 亿元进行污染的专项整治。③

此外，市级人大代表还可以通过其他途径来吸引决策者的环保注意力。例如，在市长或者党政领导列席的人大会议上，人大代表在会上发言表达对相关环境问题的关注，试图把"冲突性的评价"带入决策者的决策语境，并吸引政府决策者的注意；政府决策者往往对建设项目引起的环境和生态的破坏并不关注。有辽宁的人大代表对于地方的铁路建设中破坏沈阳地区绿地和生态系统的工程进行了调研，并且把调研报告上交给市政府和当地的人大常委会，并且经过媒体的报道，引起了沈阳市政府对相关问题的注意。④ 市级人大代表以及人大常委会还会经常走访政府各个部门和相关决策者，进行调研，或者要求相关的决策者进行座谈会。实际上在调研和座谈会的过程中，表达人大常委会和人大代表对相关环保问题的关注，力求有

---

① 沈阳市人大常委会：《地方人大代表工作实践与探索》，中国民主法制出版 2010 年版，第 171 页。
② 同上书，第 263—267 页。
③ 《金华市人民代表大会志》编纂委员会：《金华市人民代表大会志》，浙江摄影出版社 2011 年版，第 545 页。
④ 康锦达、朱少凡：《天责：一个人大代表行使权力的震撼经历》，中国社会科学出版社 2003 年版，第 253—261 页。

关决策者把注意力转移到环保问题上。

（四）上级政府的行政压力

制度结构的阻力分析下，由于官员指标考核制度的实施，地方 GDP 仍然是上级政府考核下级政府及其官员政绩的核心指标。通过制度层面发出信号，即努力发展经济，"发展是硬道理"，上级政府用"硬指标"和"优先指标"来限定决策者的注意力范围。随着经济的发展和污染程度不断凸显，中央政府和省政府开始意识到环境保护的重要性和污染危害的显著性，并尝试改变现有环境质量不断恶化的状况。中央政府和省政府务求在不改变现有经济发展的状况下，不断地对环境保护的政策措施进行调整，诱导地方政府关注环境保护问题，执行上级政府相关的环境保护政策。其实中国的环保工作历年来都带有"自上而下"主导方式的色彩，通常以"自上而下"的运动式环保风暴治理、制定新的环境政策来表达中央以及省政府对环保议题的关注，甚至推行目标责任制和环保指针加入官员考核制度中来吸引地方政府官员执行上级政府的环境目标。

在第二次全国环境保护会议上，时任副总理的李鹏宣布："环境保护是中国现代化建设中的一项战略任务，是一项基本国策。"此后，环境治理正式进入中央政府的讨论议题，并且先后制定了覆盖不同环境领域的法律法规和环境标准。中央和省政府不断地推出环境保护责任制、城市环境保护综合治理定量考核、环境保护模范城市、国家示范生态公园、环境保护示范乡/村、生态村等机制，试图吸引地方政府对地方环保治理和生态环境的注意。城市环境保护综合治理定量考核（简称城考）是国家环保总局在 1989 年以后推出的吸引地方政府（主要是针对城市）加强环境治理力度以及推进环保基础设施建设的一种机制。一般而言，省会城市和重要城市必须参加城考，考核机制是通过一系列定量指针衡量和排名。与城考不同的是，环保模范城市则带有自愿性质，在第九个五年计划中推广。无论是城考还是模范城市机制，在一定程度上都吸引了地方政府对于可持续发展以及生态环境的关注。有研究表明，如果城考达标或者成为模范城市，地方政府可以更加容易获得上级政府城市环境基础建设和环境监测的专项资金。在环境保护与经济发展存在潜在冲突的状况下，地级市领导人还可以通过机制来向上级领导传达优秀领导者的信号和平衡两者的能力。[1]

诚然，最能吸引市级政府环保注意力的是环保目标责任制，这也是上级政府向下级政府传导"科层式行政压力"最为有效的机制。环保目标责任制的建立始于20世纪90年代，起初在全国20多个省开展以吸引地方政府重视环保工作[2]，到了90年代末期推广到全国各省。环保目标责任制是实行行政首长对环境质量负责制，省政府与辖区内的地级市市长签订环保责任书，明确地级市政府任期内的环境目标以及任务的执行，虽然很多情况下环保责任书并没有附带"一票否决"的机制，但对于环保绩效的评估和考核会有相应排名，如果考核未达目标，就要进行定期的整改（如《广东省环境保护责任考核试行办法》）。[3]这种目标责任制是否能够有效吸引市级政府的环保注意力，还在于其制度的设定以及执行方式。

名义上目标责任制具有"一票否决"的效力，笔者在A市和Z市的访谈中发现，受访官员对目标责任制和减排考核办法"一票否决"的持保留态度，其提供给官员的政治晋升激励也不强。[4]虽然年度目标是上级政府"要求"下级政府年末要达到的预期年度目标，但在目标设定之前，上级政府通常都会与下级政府进行沟通，以确保目标设定是"合理的"和"可完成的"，且每年目标的变化幅度也不会很大。[5]另一个受访官员认为，环境保护虽属于官员考核指标中的"软指标"，但并不代表地方政府可以完全不做环境保护工作，毕竟是属于民生工程的一项；只不过，"软指标"并不在地方领导优先处理的议程之上，且完成的"质量"也不及"硬指标"或"优先指标"。受访的官员均表示，市级政府环境工作通常会根据环保目标责任制下的年度环保考核目标来制定。然而环境管制领域检验的技术、统

---

① Wanxin Li and Paul Higgins, "Controlling Local Environmental Performance: an analysis of three national environmental management programs in the context of regional disparities in China", *Journal of Contemporary China*, 2013, 22(81): 409-427.

② 《中国环境年鉴》编委会：《中国环境年鉴（1996年）》，中国环境年鉴社1997年版，第116页。

③ 《中国环境年鉴》编委会：《中国环境年鉴（2004年）》，中国环境年鉴社2005年版，第461页。

④ 虽然"一票否决"在某些省份的考核中作出了文字上的规定，但是是否真正执行依然有待考察。

⑤ 访谈材料A20121113k；Z20130320a。

计的手段、测量的标准和时间等都存在相当的模糊性、不确定性以及不对称性，市级政府往往可以通过信息的操纵来达标而不需要额外再投入资源进行污染治理努力。这实质上是由于委托代理人之间信息不对称问题造成的目标责任制的设置并不能完全确保地方决策者对于环境议题的关注。为此，上级政府为了应对信息不对称以及环境领域的特殊性，采取相应的措施，不断对下级政府目标完成情况进行"调整"，试图进行其注意力分配。这种调整并不是指标比重上的调整，而是对指标完成情况的"调整"，即通过检查的"松紧"程度来实现。每年上级政府检查下级政府指标完成的"松紧"程度都不一。如果当年省政府对环境治理较为关注，可能上级（通常是省环保局）检查目标达标状况时就会比较"紧"，为了达标，地方政府会相应地投入更多的资源。如"十一五"实施的第4年，由于F省政府和省环保厅担心"十一五"计划的减排目标不能如期完成，省政府和省环保厅提前"示意"下级政府，传达2009年检查达标状况较为"严格"的信号。Z市政府常务会议还专门讨论如何配合当年减排目标的达标检查和关停高能耗小型企业的问题，最后Z市地方政府投入更多的精力和资源到环境治理上。如果当年省政府对环境保护领域并不是十分关心，当年的达标情况检查比较松，环境议题也不会受到决策者的关注，地方政府更不会改变现有的环保支出水平，即只要考核达标即可，并不需要积极地进行环境治理。

因此，上级政府对于环境问题不同的关注程度，会产生不同行政压力，进而不同程度地影响市级政府决策者注意力的配置。如果上级政府并不太注意环境议题，市级政府决策者就不会注意环境议题，环境议题自然也不会纳入政府决策议程中讨论；如果上级政府对环境议题开始关注，通过各种方式（如颁布新的环保法律规章、调整官员考核制度和指标完成情况等），使"生态环境"或者"环境利益"等"评价维度"在决策者的决策语境中显得"重要而紧迫"，吸引决策者的注意力，环境议题就会上升为政府决策的核心日程，进而改变政府环境治理的行为。

（五）政府内部的推动力——市级环保部门的角色

自下而上的社会环保压力、市级人大的环保监督力以及来自于上级政府环保压力成为市级政府决策者环保注意力的三大影响因素。然而，是否能够把三大影响因素转化为推动力，成功地把决策者注意力转移到环保议题上，还需要"问题的界定"过程。因为对问题的界定能够影响决策者对问题的评价、判断与看法，进而成为决策者是否着手解决和如何解决这个问题的关键。[①] 事实上，问题界定的过程是把各种"冲突性指标或评价"推进决策者的决策语境，试图吸引决策者的关注。问题的界定需要在一个特定的情境或者相关的框架内进行，使问题的图景变得更加清晰，同时吸引决策者对于决策语境中未曾注意方面的关注。波茨（John Portz）在研究教育政策的研究中指出，问题的界定十分重要，因为并非所有问题都能够得到平等的界定。如果拥有一个强大的政策企业家，问题的界定更加清晰，就会进入议程的讨论范围。[②] 政策企业家就在此刻发挥作用。

所谓政策企业家（policy entrepreneur），是指"那些通过组织、运用集体力量来改变现有公共资源分配方式的人"[③]。政策倡议者倾向于为组织提供政策现状难题的方案，并且愿意投入精力和时间，致力于打破现有的政策平衡，并且说服决策者令中意的政策或者资源分配方式变成新的决策方案。[④] 不过现有的很多文献并没有对政策企业家进行定义，学界对其用词也并不统一，研究者通常使用政策企业界（policy entrepreneur）、政治企业家（political entrepreneur）、官僚企业家（bureaucratic entrepreneur）等。研究西方政治过程文献的这批人主要分布于国会、政府、利益集团和各种研究机构，他们可能是选举上台的政治人物，也有可能是行政官僚、利益集团或者研究机构的专业人士。[⑤] 罗伯茨（Nancy Robertz）首先对政策企业家群体进行分类，其细分标准为是否在政府中有正式的职位、是否是领导者的角

---

① Kingdon, John W., *Agenda, Alternatives, and Public Policies*, Boston: Little Brown, 1994, p.35.

② Portz, John, "Problem Definitions and Policy Agendas: Shaping the Educational Agenda in Boston", *Policy Studies Journal*, 1996, 24: 371-386.

③ Lewis, Eugene, *Public Entrepreneurship: Toward a Theory of Bureaucratic Political Power*, Bloomington: Indiana University Press, 1980, p.9.

④ 请参考 Crow, Deserai Anderson, "Local Media and Experts: Sources of Environmental Policy Initiation?", *Policy Studies Journal*, 2010, 38(1): 143-164; Kingdon, John, W., *Agenda, Alternatives, and Public Policies*, Boston: Little Brown, 1984, p.31.

⑤ 请参见 Riker, William, *The Art of Political Manipulation*, New Haven: Yale University Press, 1986; Spill, Rorie L, Michael J. Licari and Leonard J.Ray., "Taking on Tobacco: Policy Entrepreneurship and the Tobacco Litigation", *Political Research Quarterly*, 2001, 54(3): 605-622.

色、是否由选举产生。如果三者都不具备，为政策企业家；如果只具备第一个标准，则为官僚政策企业家；如果具备前两个标准，为行政首脑型政策企业家；如果三个标准都具备，为政治型政策企业家。①

政策企业家通常对政策议程建构和"问题的定义"非常重要。② 处于政府部门以外的政策企业家可以驱动某项社会议题的讨论，引起公众的关注和议论，形成各种形式的压力，迫使政府解决当前的政策问题。处在政府内部的政策企业家则可以组织建构政策网络，以待时机打破政策平衡，使倡导的新议程能够脱颖而出。他们如何影响政策议程？他们通常会根据自身的认知，对现有的政策问题进行定义（或者重新定义），通过媒体的关注或者政府内部的决策网络对自身问题定义的影响力进行扩大。在对问题定义的同时，政策企业家还会进行某些政策的创新和重新包装相关的理念，务求使新的政策在公共领域中推广③，积极地参与政策创新成为政策企业家另外一个特征。他们之所以被称为"企业家"，是因为他们具有一定的企业家精神，愿意投入资源以获取预期收益。有人对其背后的激励因素研究后认为，他们积极参与政策创新是为了让新政策能够吸引公众或者决策者的眼球，使得自身所代表的利益集团更有可能获利（如社会地位的提升、法案更容易得到通过）④，或者更快地得到升迁的机会（尤其对于官僚政策企业家而言）⑤，或者实现所在政党的某些利益⑥。

政策企业家能够成功重新定义问题并且进行政策创新，成为许多理论用来解释政策变迁的一部分，特别是强调政策企业家对于政策变迁的功能

①　Nancy C. Roberts, "Public Entrepreneurship and Innovation", *Policy Studies Review*, 1992, 1(1): 55-63.

②　如 Baumgartner R. Frank and Bryan D. Jones, *Agendas and Instability in American Politics*, Chicago: The University of Chicago Press, 2009; Wendy, Schiller, "Senators as Policy Entrepreneurs: Using Bill Sponsorship to Shape Legislative Agenda", *American Journal of Political Science*, 1995, 9(1): 186-203.

③　Nancy C. Roberts, "Public Entrepreneurship and Innovation", *Policy Studies Review*, 1992, 1(1): 55-63.

④　Schneider, Mark and Paul Teske, "Toward a Theory of the Political Entrepreneur: Evidence from Local Government", *American Political Science Review*, 1992, 86(3): 737-747.

⑤　Teodoro, Manuel, "Bureaucratic Job Mobility and The diffusion of Innovations", *American Journal of Political Science*, 2009, 53(1): 175-189.

⑥　Spill, Rorie L., Michael J. Licari and Leonard J.Ray, "Taking on Tobacco: Policy Entrepreneurship and the Tobacco Litigation", *Political Research Quarterly*, 2001, 54(3): 605-622.

和作用。渐进主义者认为，政策企业家不断在原有的历史经验上进行修补，一点一滴地推动者政策的变化。加上政策企业家较好的人际关系网络以及政策网络，有利于实现政策的渐进变化。[①] 在金登多源流的分析框架中，政策企业家扮演着"时机和机会追逐者"的关键角色，把政策流、问题流和政策流结合起来。[②] 政策企业家不但要吸引决策者对政策议题的注意力，并且要把问题定义和备选解决方案结合起来，只有把政策建议与政治契机相结合，才能使一个新的项目进入决策议程进行讨论。间断均衡理论基本延续了金登对于政策企业家在政策变迁扮演的角色。他们往往是政策话语权的控制者，并且突出特定的问题和政策变迁的迫切性，试图打破现有均衡的政策途径。政策企业家把新的理念和评价维度引入政策的争论，并且把解决方案与问题联系起来，使得决策者的注意力发生改变，打破现有的政策平衡，使得新的议程得以讨论和展开。[③] 总体而言，政策企业家具有以下特质：问题的界定和重构、积极参与政策以及观念创新和传播、具有"企业家"精神和推动政策议程。

政策企业家的概念和框架是在多元主义的自由民主体制下形成的，在中国政策过程研究中运用依然处于探索阶段。毛学峰（Andrew Mertha）和朱旭峰尝试把该概念用来分析中国的政策过程。毛学峰在分析环境政策变迁中发现，中国政策企业家发挥的作用与西方政策企业家的并没有很大的差别。他发现，政策企业家通常是由愤懑的官员、非政府组织以及媒体等组成。"破碎化的威权主义"使得官僚机构（条）之间存在利益的冲突，让政策企业家有政策影响力的施展空间。其中，官僚的政策企业家通常由国家和地方的环保机构官员、地震和建设的官员以及文物保护机构的官员组成，他们负责问题的界定和议题的框架，并且在各自代表的群体利益中进

[①] Rabe, Barry, *Statehouse and Greenhouse: The Stealth Politics of America Climate Change Policy*, Washington, DC: Brookings Institution Press, 2006.

[②] Zahariadis, Nikolaos, "The Multiple Streams Framework: Structure,Limitations,Prospects", in Paul A. Sabatier (ed), *Theories of the Policy Process* (2nd edition), Boulder,CO: Westview Press, 2007, pp.65-92.

[③] Baumgartner Frank and Bryan D. Jones, " Agendas Dynamics and Policy Subsystems", *Journal of Politics*, 1991, 53(4): 1044-1074.; John, Peter, "Is There Life after Policy Streams, Advocacy Coalition, and Punctuations: Using Evolutionary Theory to Explain Policy Change", *Policy Studies Journal*, 2010, 31(4): 481-498.

行政策动员，以得到支持，最后改变环境政策。① 朱旭峰的研究表明，在不同政治体制下，政策企业家可能运用实用主义的策略。政策企业家成功地影响政策变迁往往是提出政治上可接受但技术上不可行的政策。他以取消收容遣送制度为研究点，认为在"孙志刚事件"之后，几名法学专家两次联名上书全国人大，建议对收容遣送制度进行违宪审查。中国的《立法法》虽然对"违宪审查"有明文规定，但只是一个原则，如何操作却没有明确规定，这就给政策企业家提供了创新性策略的机会。社会开始关注中央政府对于违宪审查的态度，这给决策者造成了巨大压力，最后迫使国务院常务会议决定取消"收容遣送制度"。②

在整个市级环境决策的过程中，市级环保部门扮演着"政策企业家"的角色，成为一个政府内部的推动力，吸引决策者的环保注意力。为什么市级保部门要成为政府的内部推动力？理论上，环保部门被赋予环境保护工作统一监督管理的角色，对区域内环境质量的信息以及环境污染的程度，市级环保部门最为了解。如果地方的环境问题引发社会不稳定以及环境事件，环保局的局长需要问责。从业务工作角度而言，他们需要维护环保工作的利益，并且致力于改善辖区内的环境。然而长期以来，市级政府的环保工作都不太受到重视，市级环保局与其他相关政府部门在资源竞争上往往也处于劣势，导致它们在获得环境治理上的资源严重不足。以江苏省南通市为例，2006 年全市的环境执法监察人员有 200 名，也就是每 40 平方公里只有 1 名环境监察人员，每名监察人员要管理 70 多家污染企业，还不包括农业环境、自然生态以及环境投诉和信访查处的任务，环境执法的人员严重不足。③ 这其实是反映基层环保机构未能获得足够的资源，存在环保治理经费不足的问题。有研究发现，基层环保部门长期处于经费缺口的状态，据统计，2004 年，全国基层环保系统的经费缺口达到 40.1%④（见表 4-1）。

①　Mertha, Andrew C., *China's Water Warriors: Citizen Action and Policy Change.* Cornell University Press, 2008, p. 8, pp. 150-162.

②　Zhu, Xufeng, "Strategy of Chinese Policy Entrepreneurs in the Third Sector: Challenges of 'Technical Infeasibility'", *Policy Science*, 2008, 41: 315-334.

③　杨展里、葛勇德：《以南通为例分析中国地方环境执政能力建设的问题与对策》，《环境科学研究》2006 年第 19 卷增刊。

④　陈斌等：《环保部门经费保障问题调研》，《环境保护》2006 年 11B 期。

因此，它们有充足的动力通过问题的界定，把部门的意志转化成新的政策议程，成为政策企业家，吸引决策者的环保注意力。

表 4-1　　　　2004 年全国基层环境系统部分专项经费缺口　　　　单位：万元

	人员经费	公用项目	监督执法	仪器设备经费
经费预算（万元）	328773	156052	70350	86026
经费缺口（万元）	42313	47472	35756	89915
经费缺口率（%）	12.9	30.4	50.8	−4.5

数据来源：陈斌等：《环保部门经费保障问题调研》，《环境保护》2006 年 11B 期，第 62—66 页。

环保决策过程中，市级环保部门对环境问题的界定和环境议程推动与政策企业家的角色和特征相符合。为了获得更多的资源，市级环保部门在推动环保议程上具有企业家精神，一旦它们感知到"自下而上"的环保压力，横向的人大环保监督力以及来自于上级政府的环保行政压力不断增强时，它们就会抓住机遇，因为有可能是环保政策之窗打开的时候。它们会重新定义辖区内的环境问题、阐明辖区内有改变现有环境治理行为的需要，存在增加某些环境治理项目的迫切性，甚至放大辖区内某些环境问题来获得更多的资源以及政策影响力。这个过程实际上是通过问题的界定，把部门的意志转化成新的政策议程，成为政策企业家吸引决策者的环保注意力。

问题的重新定义主要围绕着对当前环境问题的迫切性展开，这其实就是把环境问题所引发的"冲突性评价"与环境议题的"重要与紧迫的评价"通过政府内部运转的方式传递给决策者，所以作为推手的角色，环保局经常运用的框架与"自下而上"的社会环境压力和"自上而下"的行政压力相联系。政策企业家把"自下而上"的社会环境压力与环境纠纷与社会不稳定相串联，或者与环境安全相串联。对于市政府决策者而言，社会稳定是一条必须坚守的"底线"。"自上而下"的上级政府环保行政压力可以使增加某项环境治理的项目或改变现有治理行为更加合理化，更加有政策或者来自于科层压力上的依据。凭借外在的关注力和压力，当政策之窗打开时，环保主管部门可以更好地突出改善环境问题迫切性和要求，尽可能推动环境议题突破制度结构的障碍，吸引决策者的环保注意力，使环保议题进入决策议程，这本身就是问题流（凸显环境问题的现状不断恶化）与政策流（增加环境预算开支，增加对环境治理的资源分配）结合的过程。

它们推动政策议程的方式主要通过结合中央、省委省政府的工作重点、五年计划、人大议案、民生项目以及公众关注的事项，包装新的环境治理项目或者新的环境政策，审时度势，巧妙地利用对自己有利的信息赢得足够的支持，在市政府常务会议上能够脱颖而出，争取列为下一年政府的工作重心或者"十件大事"。在预算决策的过程中，也积极地与财政局的处室沟通，推销项目的政策支持以及必要性，并且通过分管领导出面捍卫项目以及预算份额。其次，环保部门的领导还会直接给政府决策者写调研报告或者接受媒体的采访，这个过程本身就会起到"观念传播"的作用，使得公众或者政府内部的决策者对于相关的问题有所认知，有所讨论。地方的环保部门还会邀请媒体来采访"局长信访接待日"，借用媒体的平台来对相关环境议题的迫切解决进行曝光，试图重新框架和定义问题，让公众对相关环境问题认知更加广泛，形成更大的公众压力，政策企业家政策推动能力便越强。如果有些环境治理项目明显对经济发展不利，或者提出项目的难度相当大时，环保部门会寻找"代言人"来帮助政策议程的推动，例如市人大以及常设机构。环保部门在市人大代表、环境资源委员会（市人大通常为城乡建设与环境资源委员会）或者常委会进行部门调研走访的时候，把一些方案和项目想法，或者对某些环境议题的关注告诉它们。在市人大会议期间做人大议案和建议或者代表的发言，使得政府决策者（主要是市长）关注环境议题。除了市人大这种权力机构以外，环保部门还可以寻找党政系统的智囊机构作为代言人，如市委市政府的政策研究室等，通过它们编写有助于凸显环境议题和环境项目的政策报告和建议，从而推动相关的环境项目和政策议题成为决策者的关注点。

第五章 数据与实证分析

本书第三章和第四章主要以市级政府污染治理支出为例讨论市级政府污染治理行为的现状，并且提出"制度结构与决策者注意力"分析框架，剖析市级政府污染治理的逻辑。本章为定量分析，目的是用系统的数据来检验分析框架。第一小节将介绍实证的研究假设以及所采用的数据和回归模型；第二小节将分析实证的结果。

第一节　实证的研究假设、数据以及回归模型

前两章的分析主要以工业污染治理支出变化来考察地方政府污染治理行为，由于制度结构阻力的存在，污染治理支出的变化呈间断均衡的状态，地方政府长期不愿意实质性改变现有的污染治理支出水平、增加污染治理的努力程度，长期保持不积极的状态。根据本书的分析框架，在"外力"和"内力"作用下，只有吸引决策者的环保注意力、突破制度结构施加的阻力，污染治理支出才有大幅度增长的可能性，地方政府污染治理支出行为才会呈现积极和"有所作为"的一面。因此，影响地方政府污染治理支出大幅度增长的关键在于决策者的环保注意力。然而这个主要因素并非处于"终极"的位置，由于本书关心的是以工业污染治理支出为指标的市级政府污染治理行为，因此决策者的环保注意力可视为中间变量。决策者的环保注意力与制度结构的阻力共同影响地方政府污染治理支出行为。因此，

图 5-1 分析框架可以分解为两个模型：决策者注意力模型与污染治理支出决策模型（见图 5-1）。

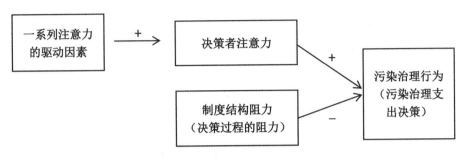

图 5-1　分析框架的两个模型

为了验证决策者注意力模型，本书提出以下假设。

假设 1：环境污染事故会吸引决策者的环保注意力。

假设 2：自下而上的社会环保压力会吸引决策者的环保注意力。

假设 3：市人大的环保监督力会吸引决策者的环保注意力。

假设 4：上级政府的环保行政压力会吸引决策者的环保注意力。

假设 5：环保部门的能力一定程度上影响其能否扮演"政策企业家"的角色，成功将决策者的注意力转移到环境议题上。环保部门的能力越大，越能成功地把决策者的注意力转移到环境议题上。

检验假设 1—5 的方程 1 如下：

$$Attention_{it} = \beta_0 + \beta_1 Accidents_{it-1} + \beta_2 Social_{it-1} + \beta_3\ LPC_{it-1} + \beta_4\ UpperGov_{it-1}$$
$$+ \beta_5 EPB_{it} + \mu_i + \eta_t + \varepsilon_{it}$$

其中，i 表示城市，t 表示年。

为了验证污染治理支出决策模型，本书提出以下假设。

假设 6：如果决策者的注意力转移到环保议题上，那么政府污染治理支出的变化越大，污染治理支出呈现大幅度增长的可能性也越大，污染治理行为就变得越积极。

假设 7：如果制度结构所施加的交易成本越低，那么污染治理支出增长率越高，污染治理行为就变得越积极。

检验假设 6—7 的方程 2 如下：

$$AntiPollution_{it}=\beta_0+\beta_1 Attention_{it}+\beta_2\ Cost_{it}+\beta_3\Pi+\mu_i+\eta_t+\varepsilon_{it}$$

其中 i 表示城市，t 表示年。

一、变量的操作化

方程 1 的因变量为决策者的环保注意力，即环境议题是否得到决策者的注意。在市级政府决策核心中，市委和市政府是地方决策的核心，市委的决策具有政治性、导向性、全局性的特点，因此一般不涉及十分具体的事务性决策。市政府的决策范围十分广泛，涉及工业、农业、建筑、市政、商业、金融、外贸、财政、交通运输、科技、服务、开发区建设、环保、教育、卫生、安全、对外协调等生产、消费、积累、交换和流通等方方面面的事务。[①] 市政府重要的决策一般是通过市政府常务会议讨论和通过，市政府年度工作重要事项也在常务会议上讨论和决定，如下一年度的 "十件大事" 等。虽然每个部门都想把部门的议题放到常务会议上讨论，然而并不是所有议题都可以进入市政府常务会议的，一般是决策者（主要是市长）认为比较重要的议题才可以登上常务会议的政策议程。因此，在市政府常务会议上讨论过的议题以及通过的决定和意见必然是决策者重视和关心的。如果当年政府常务会议上讨论过环境保护的议题的话，决策者环保注意力的赋值为 1，否则赋值为 0。一般而言，副省级城市、省会城市和比较重要的地级城市年鉴中都会记录当年人民政府常务会议讨论的主要事项和通过的决定或意见。这种记录为衡量决策者的注意力这一核心因变量提供了便利。

方程 1 有以下 5 个重要的自变量。

（1）污染事故的数量以该市所在省份的环境污染事故为衡量指标。这个衡量指标不但捕捉市辖区内的环境污染事件对于决策者注意力的影响，而且捕捉该市邻近地区的环境污染事故对于决策者环保注意力的推动效应。

（2）自下而上的社会环保压力以每万人的环境信访量来衡量。

（3）市人大的环保监督力以当年该市人大关于环保议题的提案、建议和批评的数量作为衡量的指标。

---

① 汤大华、毛寿龙、宁宇、薛亮：《市政府管理：廊坊市调查》，中国广播电视出版社 1997 年版，第 180 页。

（4）上级政府的环保行政压力以该市所在省份当年颁布或者通过的地方性法律和规章的数量为衡量指标。上级政府的环保行政压力受上级政府对于环境问题的关注程度影响。由于市级政府往往签订环保目标责任制，因此上级政府每年都会对环保目标的完成情况进行核查。然而由于环保领域的特殊性以及信息的不对称性，地方政府与上级政府之间信息上形成不对称性以及模糊性，上级政府只能通过密集的检查来确保环保目标完成的真实性。然而，现有的资料中并没有相关的核查和检查记录的统计。本书的衡量操作方法同样合适，因为颁布地方性环保法律和规章同样是省级政府向下级政府施加行政压力的手段之一。

（5）环保部门能力衡量指标为《中国环境年鉴》重点城市污染物排放和治理统计的非空格率。环保部门能力决定着地方环保部门能否扮演好政策企业家的角色，能否成功地界定问题，抓住政策之窗打开的机遇，成功推动环保议题吸引决策者注意力。由于统计资料本身的缺乏，市级环保部门的机构能力以市级环保局捕捉环境信息的能力为衡量指标。这个衡量指标不仅可以测量市级环保部门对辖区内污染水平的了解情况，而且可以体现更为频繁地监督检查企业的污染防治工作和更现实的环境问题。事实上，捕捉信号和信息的能力也常常被学者用来衡量环保机构的能力。[①]本书操作化的指标意味着非空格率越高，也就证明环保机构能力越高，越有能力抓住政策之窗打开的机遇，吸引决策者的注意力，推动环境议题进入政策议程。

方程 2 的因变量市级政府的污染治理行为，以当年工业污染治理支出的变化率来衡量。变化率越大，就意味着当年市级政府越愿意改变现有的支出水平，来增加工业污染治理的投入程度，在污染治理中表现出积极的行为。方程 2 的自变量为决策者的环保注意力和制度结构施加的交易成本。决策者环保注意力的衡量方法与方程 1 相同。制度结构的交易成本则以污染行业税收收入占据该市税收收入比重来衡量。这意味着，如果占据的比例越大，污染行业在决策中的话语权越大，越能阻挠改变现状的环境政策出台，决策的交易成本也越大。方程 2 的控制变量包括人均 GDP、人均财

---

① 李万新、［美］埃里克·祖斯曼：《从意愿到行动：中国地方环保局的机构能力研究》，《环境科学研究》2006 年第 19 期。

政收入、财政自主性、第二产业的比重、工业污染治理支出占财政总支出的比重以及污染物排放的变化率对工业污染治理支出的变化率。

二、样本城市的选择与数据描述

由于城市环境的统计资料有限，特别是关于环境信访和人大提案的资料有限，笔者从不同的统计报告和年鉴中收集资料，务求统计样本最大化和更具有代表性（见表5-1）。本书最后选取21个城市1994—2010年的数据进行分析（见表5-2）。这21个城市分布在中国的东部、中部、西部的经济带，并且都是该省最为重要的经济城市，因此对于研究市级政府的决策过程具有相当的代表性。

从表5-3我们可以看出，方程2中的因变量工业污染治理支出变化率的分布呈现高度间断均衡的程度，其峰度为69.75，线性峰度为0.44。从直方图和预期的正态分布曲线我们可以得知，大多数观察值都呈现停滞和只作微调的状态，并且出现支出削减的情况，适度和中等的支出变化比预期的少，而大规模支出的增长比预期的多，分布呈现尖峰状态且右偏。

由于本研究的决策者注意力模型以及污染治理支出决策模型的时间跨度为17年，一般长时序的数据需要进行单位根的检验，以确保数据序列的平稳。本研究采用LLC（Levin-Lin-Chu）的检验方法进行单位根检验。由于决策者的环保注意力为二分变量，故无法进行单位根检验。表5-4报告了变量的单位根检验结果，11个变量的LLC检验结果是显著的，推翻了数据序列存在单位根的原假设，说明这11个变量是平稳的数据序列。

表5-1   **实证分析数据来源**

变量	观察值
决策者的环保注意力	21个城市的年鉴
工业污染治理支出变化率	《中国环境年鉴》
污染行业税收比重	各城市的年鉴和统计年鉴
环境污染事故量	《中国环境年鉴》
每万人的信访量	《中国环境年鉴》、部分城市的年鉴
人大提案数	《中国环境年鉴》、部分城市的《人大年鉴》

变量	观察值
省级政府颁布的法律法规数量	《中国环境年鉴》
环保主管部门的能力	《中国环境年鉴》
第二产业比重	《中国城市年鉴》
人均GDP	《中国城市统计年鉴》
人均财政收入	《中国城市统计年鉴》
财政自主性	《中国城市统计年鉴》
工业污染治理支出占财政总支出的比重	《中国城市统计年鉴》
废水排放量的变化率	《中国环境年鉴》
废气排放量的变化率	《中国环境年鉴》

注：决策者的环保注意力的变量衡量中，宁波和兰州在1993—1996年均没有出版年鉴，合肥在1993—1998年间没有出版年鉴；厦门在1993—2001年的资料均来源于《厦门特区年鉴》。

表5-2 回归方程的样本城市

区域	城市名称
东部（11个）	沈阳、大连、南京、苏州、杭州、宁波、厦门、济南、青岛、广州、深圳
中部（5个）	太原、长春、哈尔滨、合肥、武汉
西部（5个）	桂林、成都、昆明、西安、兰州

表5-3 主要变量的基本描述

变量	观察值	均值	标准偏差	最大值	最小值
决策者的环保注意力	342	0.151	0.359	1	0
工业污染治理支出变化率	357	17.748	98.242	601.435	−65.173
污染行业税收比重（百分比）	343	21.051	24.513	6.173	39.87
环境污染事故量	357	44.4	57.13	0	470
每万人的信访量	357	13.171	13.425	74.129	0.121
人大提案数	356	26.963	29.397	159	0
省级政府颁布的法律法规数量	357	5.854	7.148	42	0
环保主管部门的能力	357	0.925	0.065	0.999	0.45
第二产业比重	357	47.505	6.553	66.603	20.120
人均GDP（log）	357	9.919	0.871	12.174	5.314

续表

变量	观察值	均值	标准偏差	最大值	最小值
人均财政收入（log）	357	7.108	1.139	9.683	4.304
财政自主性（百分比）	357	86.136	42.398	46.617	178.87
工业污染治理支出占财政总支出的比重	356	2.651	3.293	0.006	19.971
废水排放量的变化率	350	5.809	79.011	−103.123	874.186
废气排放量的变化率	340	6.834	66.958	−104.245	827.057

表 5-4 　　　　　　　　　　LLC 单位根检验结果

变量名	LLC 检验 T 值	显著性
工业污染治理支出变化率	−22.024	0.001***
污染行业税收比重（百分比）	−13.932	0.002***
环境污染事故量	−15.999	0.007***
每万人的信访量	−12.654	0.000***
人大提案数	−18.134	0.001***
省级政府颁布的法律法规数量	−9.342	0.002***
环保主管部门的能力	−9.732	0.003***
第二产业比重	−14.322	0.005***
财政自主性（百分比）	−43.213	0.001***
工业污染治理支出占财政总支出的比重	−19.342	0.003***
废水排放量的变化率	−32.13	0.001***
废气排放量的变化率	−27.13	0.001***

注：*** $p < 0.001$；** $p < 0.01$；*$p < 0.05$。

第二节　实证结果以及分析

由于方程 1 的因变量为二分变量（binary value），本节将使用面板数据的 logistic 和 probit 模型进行分析。面板数据的 logistic 和 probit 模型分析结果显示，假设 2—5 在统计上成立，而假设 1 未能在统计上成立。这意味着，除了环境污染事故以外，决策者的环保注意力受到社会环保压力、市级人大的监督压力和上级政府环保压力的统计上显著影响，且符号为正，证明如果上述 3 种驱动因素每提高 1 个单位，市级政府决策者的注意力转到环保议题的可能性也就越大。面板资料的分析还表明，在环保部门的能力一定程度上能够扮演"政策企业家"的角色，环保部门能力每提高 1 个单位，决策者注意力转移到环境议题的可能性就越大（见表 5-5）。虽然理论上环境污染事故会引起决策者的环保注意力，然而该变量未能出现预期的效果，未通过显著性的检验。这也许是源于环境污染事故并未直接影响决策者的环保注意力，而是通过其他变量的转换才发生作用，如通过公民对环境事务的关注或者媒体和人大对于环境议题的关注等。当污染事故的产生发出强烈的社会信号时，触发了公民、媒体和人大对于环境事务的关注，因而间接影响决策者的环保注意力。由于方程 1 控制了信访量以及人大提案数的效应，故从估计结果上，造成环境污染事故对于决策者环保注意力在统计上不显著的现象。

表 5-5　　　　决策者环保注意力的回归分析（Logit 和 Probit 模型）

变量	因变量 = 决策者环保注意力		
	Logit-RE 模型 1	Logit-FE 模型 2	Probit 模型 3
环境污染事故量（滞后一年）	0.0284 (0.0214)	0.0218 (0.0201)	0.0204 (0.0198)
每万人信访量（滞后一年）	0.0471*** (0.0131)	0.0419** (0.0144)	0.0279*** (0.077)
人大提案数（滞后一年）	0.0039* (0.0018)	0.0077* (0.0036)	0.0170** (0.0065)
省级政府颁布法律法规数量（滞后一年）	0.0357* (0.0161)	0.0327* (0.0155)	0.0204* (0.0103)
环保主管部门的能力	5.8716** (2.1936)	6.1391* (2.8821)	2.7659** (1.0711)
常数项	−8.4549* (3.9991)		−4.2763* (1.9634)
Log likelihood	−123.9121	−87.0681	−104.5104
观察值	342	342	342

注：*** $p < 0.001$；** $p < 0.01$；* $p < 0.05$。

对于方程 2 而言，因变量以工业污染治理支出变化率来衡量，因变量属于数字（numeric value），因此本节首先将使用混合 OLS、面板数据的固定效应和随机效应的模型进行线性的回归分析。从表 5-6 可以得出，本节主要关心的核心变量之一决策者的环保注意力在 3 个模型中均通过 0.001 水平的显著性检验，显著地影响着工业污染治理支出的变化。在固定效应的模型估计结果中表示，在控制其他条件的情况下，决策者的注意力转移到环保议题上，工业污染治理支出的变化率就会增加 193 个单位，假设 6 成立。一旦决策者的注意力转移到环境议题上，当年的工业污染治理支出将会出现增长。污染治理支出决策模型另外一个核心的变量污染行业税收比重在混合 OLS 和随机效应模型中通过 0.01 水平的显著性检验，在固定效应通过 0.05 的显著性检验，假设 7 成立。在固定效应模型中，污染行业税收比重的弹性系数为 -0.9134，这说明在控制其他条件的情况下，污染行业税收比重增加 1 个单位，工业污染治理支出就会降低 0.91 个单位。

表 5-6　　　　　　　　　市级工业污染治理支出的线性回归分析

变量	因变量 = 工业污染治理支出变化率		
	混合 OLS 模型 1	RE 模型 2	FE 模型 3
决策者的环保注意力	205.8975 *** (24.2315)	257.4818*** (27.8444)	193.6736*** (28.7925)
污染行业税收比重（百分比）	-0.9255** (0.3551)	-0.9325** (0.3466)	-0.9134* (0.4349)
第二产业比重	-0.0052 (0.0033)	-0.0057** (0.0019)	-0.0047 (0.0039)
人均 GDP（log）	56.7973 * (26.6661)	49.2870* (20.0477)	55.9927 ** (21.6181)
人均财政收入（log）	43.0211** (15.7711)	43.6917** (15.7714)	32.2641 * (16.0086)
财政自主性	-0.4059 (0.2122)	-0.2249 (0.2403)	-0.3019 (0.2692)
工业污染治理支出占财政总支出的比重（滞后 1 年）	-5.1873 (3.0329)	-6.1493 (4.0329)	-5.7481 (3.8341)
废水排放量变化率（滞后 1 年）	-0.0049 (0.1241)	-0.0048 (0.1239)	-0.0129 (0.1306)

续表

变量	因变量＝工业污染治理支出变化率		
	混合 OLS 模型 1	RE 模型 2	FE 模型 3
废气排放量变化率（滞后 1 年）	0.1051 (0.1505)	0.1076 (0.1301)	−0.1304 (0.1569)
常数项	210.0416 (137.6097)	176.8123 ** (66.7216)	258.9472* (122.9941)
R^2	0.4587	0.4637	0.4543
组	21	21	21
观察值	339	339	339
Hausman test			99.344
P 值			0.0010

注：（1）*** $p < 0.001$,** $p < 0.01$, * $p < 0.05$；（2）混合 OLS 的标准误经过城市聚类。

其他控制变量在模型中的结果也值得留意。人均财政收入越高，对促进治理支出增长的影响力就越大，这就意味着财政收入的丰厚度是促进治理支出增长的良好条件。如果当年政府的财政收入不高，污染治理支出不但得不到增长，很有可能被削减。财政自主性在 3 个模型中都没有通过显著性检验。此外，上一年工业污染治理支出占财政总支出的比重用以控制由于污染治理支出较高而抑制支出变化率增长的效应。虽然其结果并没有通过显著性的检验，但是其方向为负，符合预期。更加有趣的发现是，2 个污染物排放的变量也均未通过显著性检验，在统计上并没有找到证据表明政府的工业污染治理支出行为依据污染物排放的变化，但是其部分结果的方向为负，这就意味着，即使污染物排放量在一定程度上有所增长，但政府的工业污染治理支出并未因此增加，反而出现削减的情况。因此，地方政府工业污染治理支出并没有受到污染物排放量的变化的影响而变化，而是根据决策者的环保注意力以及制度结构阻力的变化而变化，这一定程度上反映了地方政府污染治理的逻辑：污染治理行为（工业污染治理支出）并不是依据辖区内的污染程度的变化来决定的，而是很大程度上受到决策者的环保注意力和制度结构因素影响。地方工业污染治理行为变得积极，很大程度上由地方政府决策者环保注意力转移所决定

图 5-2 表示工业污染治理支出的变化率分布呈现尖峰状态，政府工

业污染治理支出的变化呈现间断均衡的模式。间断均衡模式隐含着支出行为变化某种非线性的特征。根据间断均衡理论，变化可以分为停滞/微调、适度变化和大规模变化。为了更好地捕捉这种非线性的特征，本节对支出变化率的连续变量进行转换。由于本书假设政府的污染治理支出行为受到决策者环保注意力的影响。逻辑上而言，决策者的注意力转到环境议题后，有可能把政府的支出行为从停滞/小规模变化变为大规模变化，或者变为适度规模变化。因此理论上，连续变量应该转换成无序多分类的（categorical variable）变量，而并不属于定序多分类的变量（ordered categorical variable）。[1] 此外，如何划分小规模变化、适度变化和大规模变化，现有的文献一直没有定论，尤其是如何判定三者之间的阈值（threshold）。贝利和欧康纳认为，如果预算开支变化率在0—10%之间，属于渐进式的变化，超过30%则是非渐进的变化。[2] 这种判定标准明显受到瓦尔达沃夫斯基研究的影响。他认为，多于50%的预算变化是在预算基础的10%左右进行调整，而3/4的预算变化是在预算基础的25%左右调整。[3] 琼斯等在研究间断均衡理论时则运用−15%—20%作为阈值范围，阈值以外的观察值都当作大规模的预算变化（间断的预算变化）。罗宾森等和柳應河的研究则开创了另外一种判定阈值的方法。加总的变化率所形成的实际分布曲线与期望正态分布曲线会产生4个交点，这4个交点把加总的变化率所形成的实际分布曲线分为5个部分。[4] 本书将借鉴他们的方法来衡量变化率的阈值。

由于21个城市的样本数据变化率呈现极其"右偏"的现象，罗宾森等和柳應河的判定方法基本上是在曲线不存在明显的"右偏"分布下进行的，为了更好地衡量阈值和克服这个"右偏"现象，在阈值划分时，把预期正

---

① Robinson 等在 AJPS 的文章也是用相同的变量分类方法进行分类。请参考 Robinson,Scott E., Floun' say Caver, Kenneth J. Meier and Laurence J. O' Toole, Jr., "Explaining Policy Punctuations: Bureaucratization and Budget Change", *American Journal of Political Science*, 2010,51(1): 140-150.

② Bailey, J. and O' Connor, R., "Operationalizing Incrementalism: Measuring the Muddles", *Public Administration Review*, 1975, 35: 60-66.

③ Wildavsky, A., *The Politics of the Budgetary Process*, Boston, MA: Little Brown, 1964.

④ 请参考 Robinson,Scott E., Floun' say Caver, Kenneth J. Meier and Laurence J. O' Toole, Jr., "Explaining Policy Punctuations: Bureaucratization and Budget Change", *American Journal of Political Science*,2011, 51(1): 140-150. 和 Jay E.Ryu, "Legislative Professionalism and Budget Punctuations in State Government Sub-Functional Expenditures", Public Budgeting and Finance, 2010, 31(2): 22-24.

态分布线的均值设定为实际分布线的顶点(调整值为−7),形成一条调整后预期正态分布参考线(见图5–2红线)。然后计算出调整后的预期正态分布线与实际分布线的交点为−24.45、17.55与74.55。根据交点划分多分类因变量衡量范围。变化率在−24.45—17.55之间,为停滞与微调,赋值为0;变化率在17.55—74.55之间的,为适度变化,赋值为1;变化率在74.55以上的,这为大规模变化,赋值为2,[①] (见表5–7),重新组成以无序多分类的变量来衡量的政府环保支出行为,并且以无序多分类Logistic回归(MLR)进行非线性的回归分析。

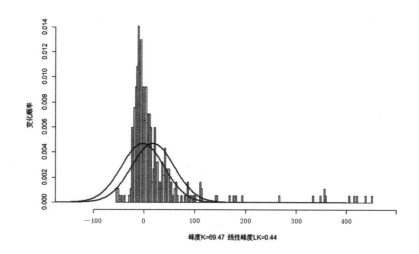

峰度K=69.47　线性峰度LK=0.44

图5–2　21个样本城市工业污染治理支出变化分布图

表 5–7　　　　　　　　　　样本城市中多分类变量的分布

变化的幅度	数量	比重（%）
停滞与微调的	242	67.79
适度变化（正值）	74	20.73
适度变化（负值）	10	2.8
大规模的变化	31	8.68

───────────

① 为了回归分析的分类需要,在数据转换中,中等适度变化为负值的观察值并没有纳入,这部分值占总体观察值的2.8%。

变化的幅度	数量	比重（%）
观察值	357	
峰度（K 值）	69.57	
线性峰度（L-K 值）	0.44	

非线性回归（MLR）分析与面板数据的线性回归分析的结果相似（见表 5-8），决策者的环保注意力和污染行业税收比重在统计上均显著地影响支出的变化。以"停滞与微调"为基准组的结果表明，决策者的注意力转移到环境议题上对适度变化和大规模变化出现的概率均有统计上显著的影响。同时在以"适度变化"为基准组的结果进行对比后发现，当决策者注意力转移到环境议题时，出现大规模变化的概率比出现适度变化的概率越大，也就意味着决策者对环保议题高度重视的概率越大，更有可能出现污染治理大规模增长，这同时符合本书对于地方政府污染治理行为逻辑的解释。同样地，MLR 的统计结果也表明，如果污染行业税收比重增加 1 个单位，出现适度变化和大规模变化的概率都会减少。污染行业税收比重增加 1 个单位，比起适度变化，大规模变化出现的概率更低。同样有趣的发现也出现在 MLR 的分析中，无论是中等适度的增长或者大规模的增长，都与外界环境污染物排放的变化率无关，再次证明地方政府污染治理的逻辑：污染治理支出并不是依据辖区内污染程度的变化来决定的，很大程度上受决策者的环保注意力和制度结构因素影响。地方污染治理行为变得积极，很大程度上由地方政府决策者环保注意力转移决定。

表 5-8　　　　　工业污染治理支出的非线性回归分析（MLR 回归）

变量	适度变化	大规模变化	大规模变化
	基准组＝停滞与微调		基准组＝适度变化
决策者环保注意力	1.1301 * (0.4591)	3.9366*** (0.7145)	2.8064*** (0.6146)
污染行业税收比重（百分比）	−0.0003** (0.0001)	−0.0007* (0.0003)	−0.0004* (0.0002)
第二产业比重	−0.0001 * (0.0000)	−0.0001* (0.0000)	−0.0000 (0.000)

续表

变量	适度变化	大规模变化	大规模变化
	基准组＝停滞与微调		基准组＝适度变化
人均 GDP（log）	0.6791 (0.3622)	1.2308 * (0.5731)	0.5517 * (0.2591)
人均财政收入（log）	0.5383 (0.3232)	1.2994* (0.5625)	0.7612* (0.3624)
财政自主性	− 0.0086* (0.0041)	−0.0161* (0.0073)	−0.0075 (0.0063)
工业污染治理支出占财政总支出的比重 （滞后一年）	−0.2781 (0.1575)	−0.8261 (0.5447)	−0.5482 (0.5134)
废水排放变化率（滞后一年）	−0.0109 (0.0111)	−0.0004 (0.0011)	0.0105 (0.0117)
废气排放变化率（滞后一年）	−0.0115 (0.0046)	−0.0097 (0.0091)	0.0017 (0.0098)
常数项	−5.0276 * (2.5651)	0.4313 (2.1054)	5.4590 (3.6073)
观察值	329	329	329
Log pseudo-likelihood	−202.80962		
Pseudo R^2	0.3984		

注：（1）*** $p<0.001$，** $p<0.01$，* $p<0.05$；（2）括号中的稳健标准误是经过城市聚类校正的稳健标准误。

　　方程 1 和方程 2 的分析结果揭示了地方政府污染治理支出的整个决策链条和逻辑，实证结果也基本上支持本书提出的分析框架，以及分解后的决策者注意力模型与污染治理支出决策模型（见图 5-3）。在本研究中，市级政府污染治理行为以工业污染治理支出变化来考察，其中决策者的注意力以及制度结构因素共同影响着污染治理支出。污染治理支出长期停滞和微调甚至削减是环境决策（污染治理支出决策）系统内部存在制度结构因素施加的阻力所致。从本章实证分析的角度而言，其来源于排污企业的影响和阻挠不利于企业利益的环境政策和项目的出台。当环境不断恶化的信号发出的时候，公民和市人大代表会做出反应和行动，驱动决策者的注意力转移到环境议题。同时，上级政府也会采取多种手段向市级政府施加污染治理的压力，市级环保部门也会审时度势地推动环境议题进入决策议程。当这四股力量同时作用且叠加的时候，机会之窗开启，产生决策者注意力转移的驱动力，环境议题成功进入政策议程，污染治理支出就会克服制度结构因素，得到大幅度的增长；当这四股力量过小不足以推动决策者的注意力转移时，支出结果就会受制度结构因素的强大影响，出现维持现状、微调甚至削减的状况。

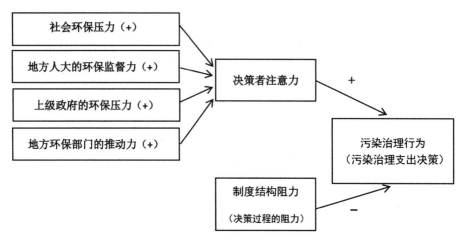

图 5-3　地方政府环保支出的决策逻辑

第六章 机制分析：基于广东省 A 市的案例研究

上一章实证分析的结果显示，制度结构因素和决策者的环保注意力共同影响着地方政府污染治理行为（污染治理支出决策）。污染治理支出长期停滞和微调甚至削减，与制度结构因素存在相关性。自下而上产生的社会环保压力、市人大的环保监督力、上级政府的环保行政压力以及市级环保机构的环保能力对决策者的注意力转移到环境议题存在相关性。一旦决策者注意力转移到环境议题上，污染治理支出就有可能得到大幅度的增长，使地方政府表现出污染治理行为积极的一面。虽然统计分析可以识别出影响污染治理支出决策以及决策者环保注意力的模式，然而统计分析揭示出的仅仅是一种相关性（correlation），而非因果关系（causality）。究竟影响决策者环保注意力的机制是怎么样的，要回答这些问题，仅仅依靠实证结果是不足够的。这一章将结合案例分析和访谈，探索影响制度结构因素如何影响环境决策结果，并且重点揭示决策者环保注意力的驱动因素如何对决策者施加影响，即行动者采取什么样的策略、通过什么样的途径来影响决策者的环保注意力，进而使环境议题登上政策议程。

本章的案例分析主要以广东省 A 市为例。A 市经济非常发达，经济总量处于我国大城市的前列。A 市的污染问题也十分突出，虽然不是重工业城市，但工业生产总值也占 GDP 的 27% 左右（A 市 2010 年的统计资料），而且工业主要分布在 A 市的北部和南部，A 市的污染物排放占据全省污水排放的 16%，排名全省第二（2010 年的统计资料）。案例主要发生在2010—2011 年，关于治理 B 江水污染决定的决策过程。通过环境决策过程的分析，本章务求解释制度结构因素影响环境决策的结果，剖析各个行动者采取的行动与策略以及决策者的注意力是如何被转移的，通过什么机制影响决策者的环保注意力。

B江属于A市水系的一级支流，从北向南流进A市H区然后汇入Z江，而Z江是华南地区最为重要的河流。同时，B江是A市和H区上游最主要的水源地。因为工业的发展，B江流域一带为重金属污染企业较为集中的区域。B江全长30公里，聚集了193家中大型的重金属企业，还有不少小电镀厂。[①] 这些企业成为当地区政府主要财政收入的来源之一。对于这些污染企业而言，B江便成为它们主要的排污水域。A市的10年监控数据显示，B江的重金属含量，特别是镍和铬含量超标。[②] 超标问题从2000年以后变得越来越严重。污染企业通常在厂区内建设大大小小的废水塘进行简陋的污水处理。污水处理办法就是几个污水池分别储存含有不同重金属的污水，通过投放化学药剂使之融合或沉淀后向外排放。废水塘不仅与B江水系是联通的，污水甚至渗入地下河，污染附近村民的灌溉和饮用水源。有当地村民和居民反映，类似水塘存在了20多年，水里藏有大量电子垃圾，水质受污呈墨黑色，大家都不敢吃水塘附近的鱼。[③] 一遇到下雨的天气，污染企业不仅打开与B江水系联通的水闸偷排污水，即使不打开水闸，这些"毒水"上涨外溢，也会漫到下游附近的小溪和灌溉水源，并且经B江流入Z江。在天气炎热的期间，被工业污水污染的流入下游小溪和B江主干道的水面上会出现大量的水浮莲，并且发出阵阵恶臭。在A市的监控数据显示，B江的部分流域水质长期处于劣V类的状态，根本达不到最低标准的农业用水和一般景观要求水域的标准。在B江下游的两个镇有大片龙眼果园、蔬菜园和养殖场，当地的许多村民种植经济作物和养鱼为生。上游的污染企业不仅污染了他们农业灌溉的水源和生活环境附近的水域，甚至还威胁到他们的饮用水源。部分村民了解到，他们两个镇自来水厂的取水口也来自于B江上游，自从知道这个信息以后，村民普遍回到之前打水井的方式取饮用水。他们认为，自来水里面虽然没有臭味，但是取水口在上游，令他们十分不放心。

---

① 资料来自于H区环保局的网站。
② 同上。
③ A市晚报记者的采访手稿J013b。

第一节　制度结构因素的影响

对于 B 江水污染治理问题，早在 2009 年市长办公会议上环保局就针对相关治理问题提出方案。在 2008 年国际金融危机的波及下，中央政府与省政府提出保证经济增长的政治任务①，加上传统官员考核体系中经济绩效的比重惯性，当年决策者（市长）的注意力分配被限定于"保就业、稳经济"等方面，大部分财政资源也都向相关的方面倾斜。制度结构不但限定了决策者的注意力分配，同时产生了 3 个扮演"负反馈"角色的行动者，分别为污染企业、代表污染企业利益的经贸委以及水务局。

治理 B 江水污染问题不仅需要大量的财政资金，并且可能造成一定的经济波动以及就业岗位的流失。B 江水污染治理需要整顿 B 江沿岸的污染企业，尤其是沿岸大型重金属企业。污染企业得知环保局的方案以后，纷纷与环保局以及经贸委的官员沟通和协调。污染企业宁愿多付排污费，也不愿意改变现有的环境治理标准。对于相关的污染企业而言，即使它们合法排污，由于现有的排污费征收标准比较低，企业缴纳的排污费也远远低于企业污染治理的成本，因此沿江的企业愿意多缴纳排污费而不愿意进行污染治理。如果对 B 江进行治理，沿岸大中型排污企业可能要支付更多的治污成本，因此它们对于相关的污染治理项目持排斥的态度。虽然相应的污染治理项目中有部分资金用于污染企业的环保专项补助和补贴。然而，企业普遍反映，即使存在补助和补贴，企业自筹部分还是占据大多数，因此污染企业对于相关的补助和补贴申请也不太积极。在污染企业边际利润不断下降的状况下，相关的污染治理项目不但得不到污染企业的支持，甚至污染企业对污染治理项目持反对的态度。在这些污染企业的"游说"下，当时主持会议副市长与经贸委官员对此议题持"不太赞成"的态度。

---

① 广东省政府当年提出保证经济增长 8.5% 的政治任务。

由于治理 B 江水污染需要对 B 江的一些水利设施进行拆除以及改造，尤其是对小水电的拆除，一定程度上对于 A 市水务局的利益有损害，因此搁置讨论 A 市西北部水污染问题治理方案。[①] 这个现象实质上反映了制度结构因素对决策者的注意力进行限定，对地方环境决策施加了很大的交易成本压力。由于 A 市环保局局长以及分管的市长在政府决策圈中并非处于"核心"地位，加大了环境决策讨价还价的成本。由于环保职责的破碎化，环境决策的协调成本也相应增大。与实证结果分析一致，过大的交易成本与注意力限定所组成的制度结构因素与对地方的环境决策产生显著的消极影响。

第二节 行动者的策略与行动

一、村民与媒体的策略与行动

对于环境污染的受害者而言，受影响的村民除了隐忍，就是通过正常和非正常的渠道来反映与解决问题，试图让政府得知问题的严重性，以后能够对相关的问题进行整治。受访的村民反映，他们认为解决问题的首选途径是信访。[②] 这个观察与程金华关于社会团体权利救济和冲突解决途径的选择偏好研究结论相似。弱势群体明显更多地视党政管道为解决冲突的首选途径。[③] 2010 年年初，村民集体到 H 区环保局上访，反映村民的要求。相关的记录显示，村民认为"上游的污染企业把他们的灌溉和生活用水都污染了，水比墨水还黑，很臭，水里还有很多水浮莲。这个涌的水直接流向 B 江。希望政府整治这条臭水江。""河边不时冒出一条暗管，略发青黄色的污水汩汩地流入河里。暗管都是从不同的污染厂通过来的。"[④] 来自 D

---

① 访谈材料 A20121113h。
② A 市晚报记者的采访手稿 J013a。
③ 程金华：《中国行政纠纷解决的制度选择》，《中国社会科学》2009 年第 6 期。
④ 内部数据 N05。

镇的居民李先生也参与了那次信访，他向环保局官员投诉"这个镇的一些居民喜欢称 B 江为'黄河'，因为颜色与黄河无异。"① 当时 H 区环保局信访办给村民的回复是"调查之后会给予来访的村民答复"。上访的村民代表在 15 天后得到回复："H 区环保局会加强对村民举报的污染企业违规偷排行为的纠察和执法。"村民首次信访后，水质有了轻微的改善，臭味减轻，这个时候还正处于 A 市举办大型国际运动赛事的时间段。运动赛事举办完以后，村民发现水质开始恶化，臭味比信访之前还要厉害。村民便继续沿着旧有的途径向 H 区环保局反映情况，H 区环保局 3 天后给予村民的答复是"已经加强违规偷排行为的纠察和执法，臭味的加重可能是源于雨水较少导致流量减少所致"。这次信访后，水质依然没有得到改善，村民还继续向 H 区环保局进行信访，依然得到相类似的回复。村民认为，H 区环保局这个回复是一种拖延，并且认为如果按照相同的办法不断地向 H 区环保局反映情况，可能得到的回复都是类似的。② 2010 年年末，村民打算把事情"闹大"。部分村民认为，如果一直在 H 区环保局或者其他信访机关进行申诉，只是"小打小闹，区政府可能就只有敷衍应付"，因为区政府对于污染企业的利益存在"地方保护主义"的倾向。B 江水污染问题如果不去"闹"，可能政府就不会有任何反应。因此，"只有把事情闹大，政府才会积极努力地去重视 B 江污水问题，才会有解决的可能性。"③ 如何把事情"闹大"，起初村民并没有达成共识。他们认为，应使用多种方式，如越级上访、堵塞附近的高速公路、在高速公路附近拉横幅标语、"围攻"区政府或者静坐、找媒体、网络发帖等。最后，他们认为，越级上访以及新闻媒体的介入是把问题"闹大"最好的办法。他们吸取了之前外来务工人员讨薪的失败经验，把"冲突性"最强的方法如"围攻"区政府排除。"闹大"的目的就是通过一些途径把问题公开化，引起更为广泛的社会公众关注，使 A 市政府关注 B 江的水污染问题。新闻媒体和上级政府的介入也许可以得到预期的效果。于是，他们就在 2010 年年末广东省环保厅"领导接访日"进行越级上访。虽然上访前，村民受到当地村干部的"劝

---

① A 市晚报记者的采访手稿 J014a。
② A 市晚报记者的采访手稿 J016b。
③ A 市晚报记者的采访手稿 J017a。

说"，但是依然有许多村民抓住环保厅"领导接访"的时机进行上访。广东省环保厅当天接访的巡视员得知相关问题之后，表示"比较关切"[①]，立即把相关的信访问题转批到 A 市环保局。A 市环保局在第 3 个工作日和信访代表联系，并且分配一名专职事务员与信访代表直接联系，承诺在"不惊动"区环保局的前提下，对污染企业进行了解。村民认为，这个举动比区环保局的回馈要"公正"。在"领导接访日"当天，他们还遇到了省级媒体对接访日的采访，他们便抓住这个机会对媒体进行"申诉"，希望省级媒体能够运用其影响力，扩大公众对问题的关注，从而影响政府对相关问题的注意力。

对于地方民众而言，虽然到基层政府上访的成本低，但是他们常常因为地方关系网络的阻隔而无法得到救济。因此，他们选择越级上访，向更高层级的政府表达意见。他们越级上访的结果可能是要求被简单地向基层政府转批，然而，在基层政府预期会给"拖延"的答复时，这是他们可以把问题"闹大"途径之一。同时他们也策略性地选择"领导接待日"以增加利益获得的可能性。除此以外，他们还借助媒体的介入来增加问题在公众舆论中的曝光机会。相对于政府组织而言，普通村民手中所掌握的资源非常有限，并且处于一个相对弱势的地位，在这种权力和资源都不对称的状况下，村民必然会通过某种方式发出自己的声音，吸引外界的关注与支持，最终目的还是向政府施加压力，迫使政府采取行动来解决困扰他们的问题。所以，借助媒体的平台来增加问题的关注度是他们策略性的做法。

"能否影响决策过程固然是权力的一面，但能否影响议事日程的设置则是权力更重要的一面。"[②]媒体对某些环境污染的报道和议题的介入会引起其他媒体对相关议题的关注，形成媒体议程；而在媒体的报道和讨论下，相关的议题会进入公众的视野，引发广泛的讨论，对现有的政府行为和政策会做出重新的评估，这是问题"重新界定"的过程，同时会产生公众压力。这无形之中对政府的议事日程具有影响作用，尤其是对决策者注意力的吸引。媒体的放大效应很快把 B 江污染的消息带入公众的视野，《南方周末》

---

① 访谈材料 A20121121a。

② Bachrach, Peter and Morton Baratz, "Two Faces of Power", *American Political Science Review*, 1962, 56(4): 947-952.

《南方都市报》和新浪环保纷纷报道相关的新闻。

大众媒体对于环境议题的报道能否影响决策者的注意力取决于何时报道、如何报道以及报道的频率。2010年7月，紫金矿业发生汀江水污染事件和全国的9起"血铅超标"事件，引起了全国各地对于环境污染事件的关注程度。又适逢A市2011年"两会"前夕，民生议题受到格外关注。媒体利用这个时机，报道关于B江水污染的状况，无疑起到"激起千层浪"的效果。在新年前的一个星期，多家省级报纸和电视台进行连续性的报道。据相关统计，关于B江水污染情况的报道，省内报纸新闻报道就有56篇、发表评论有12篇；同时有3家省级电视台的时事评论节目也有评论，并报道相关议题，其中一个时事评论节目甚至连续三天进行跟踪采访。相比媒体的密集型跟踪报道的方式，媒体报道的视角对于决策者的环保注意力转移更具有影响力。B江水污染事件的媒体报道并非完全与上访者的视角一致，即水污染造成很大的民生问题（饮水难、用水难）以及诱发社会不稳定因素（村民连续上访）。据统计，只有1/3的报道涉及以上内容与视角，而更多的报道则倾向于B江水污染对A市饮用水源保护的影响，这个过程其实就是媒体对环境议题进行框架化和重新界定问题的过程。甚至有媒体以"B江污染威胁饮用水水安全"的视角来报道整个事件。因为B江流域在A市供水水源地附近，这种新闻报道的视角无疑会引起公众疑虑和议论。报道的焦点也从对部分群体的利益受损转向广大群体的健康与安全的威胁。

二、A市人大及其常委会的行动与策略

人民行使国家权力的机关是全国人民代表大会和地方各级人民代表大会。因此，作为各级人民代表大会执行机关的各级人民政府，必须接受人民代表大会以及常委会的监督。地方人大以及常委会被赋予四大权力，即立法、重大事项的决定、人事任免以及监督"一府两院"。但是在实际工作中，地方人大以及常委会的权力实践中遇到了不少制度上的问题，使地方人大在整个决策体系中，相对于党委和政府，其角色显得"无所适从"。第一，彭真在1980年地方人大常委负责人的一次座谈会上表示，地方人大常委会的重要任务就是"主要监督违反宪法、法律，包括是否正确执行党和

国家的方针和政策"①。这意味着，地方人大以及常委会是用来保证上级意志在地方层面的执行。因此，地方人大的权力来源于上级国家政权，地方人大的职权设定中，最重要的并不是对地方利益公共事务的处理，而是确保上级的意志（体现为宪法和法律）在本区域内有效执行。第二，地方人大的运作逻辑上是由辖区内的选民直接授权，是地方的国家权力机关，同时被认为"人民当家作主"重要的政治载体，在一定程度上提供了反映社会需求和民众意愿以及利益表达的一个政治空间。第三，由于党管干部的管理体制以及党政联合决策体制的存在，地方人大以及常委会的四大任务中的两项即重大事项的决定以及人事任免权往往只有消极意义上的同意权和"主动权"。地方人大的工作大部分情况下只能围绕地方立法以及监督权进行。如果监督权"深入"行使，就会造成与同级党委的紧张关系，而且地方政府实质上是对上级政府负责，地方政府常常以奉上级政府之名执行来绕开人大以及常委会的监督。因此，监督权的实效性以及如何"技巧性"地使用监督权困扰着地方人大。地方人大在"党管干部""依法治国"以及"人民当家作主"三种逻辑潜在冲突结构中运作。②随着社会利益的多元化，"人民当家作主"的逻辑与地方党委组织意志之间不和谐的情况也会越来越多。地方人大及其常委会也意识到，在这样的"游戏规则"下，自身需要寻求对行为的自主权，对地方人大权力进行建构或重塑，努力建构自身成为地方政治的一股重要力量。

在地方环境决策体系中，地方人大及其常委会虽然不是扮演主导性的角色，但法律赋予地方人大的政府监督权使得地方人大及其常委会可以不断努力地争取对政府决策的影响力。地方人大以及常委会的影响力体现为对地方政府的执法检查权以及质询、询问和议案权。在实现自身权力的同时，地方人大及其常委会意识到必须对自身的角色定位以及策略有所讲究。因为在上述三大逻辑的内在张力结构下，地方人大要想获得更多环境决策影响力的施展空间，必须懂得在张力结构下争取更多的资源。

在市级政治关系网络中，市党委、政府以及人大作为不同的行动者，

---

① 彭真：《彭真文选（1941—1990年）》，人民出版社1991年版，第387页。
② 唐皇凤：《价值冲突与权益均衡：县级人大监督制度创新的机理分析》，《公共管理学报》2011年第8期。

各自拥有的可支配资源都不同，但是三者中市人大拥有的可支配资源可谓"最少"，因此需要借助一定的资源来实现自己的行动，从而改变自身影响力的"弱势"，以下是A市人大常用的争取影响力的资源策略与行动。

（一）争取党委的支持，增强影响决策的组织能力和发言权

A市的所有受访官员都表示，争取地方党委的支持是能否实现人大权力和地方决策影响力的关键。2011年，从A市人大常委会主任的发言可以看出"党的领导"在整个人大工作中的重要地位。

> 各级人大及其常委要旗帜鲜明、毫不动摇地坚持党对人大工作的领导，自觉维护党委总揽全局、协调各方的领导核心作用，从有利于加强党的领导，有利于巩固党的执政地位，有利于保障党委领导人民有效治理地方国家事务出发来开展工作、履行职责。要积极争取党委支持，紧紧依靠党委领导，营造有利于人大工作开展的社会环境。及时向单位报告人大履行职责过程中遇到的重大问题和困难，争取党委的重视和支持，依靠党委解决影响人大工作开展的机制性束缚、保障性困扰等问题，推动我市人大工作不断取得新进展。[1]

其中，最重要的是在A市市委领导的支持下，成立了A市人大城乡建设环境与资源保护委员会及其工作委员会。2000年以前，A市人大常委会领导的下属委员会并没有专职处理环境保护问题，涉及环境议题的通常由城乡建设工委或者经济工委来处理。2001年以后，A市在经济快速增长的同时，环境问题也日益凸显，需要设立一个专门处理环境问题的机构组织。可是适逢当时A市进行小规模的机构精简，人员编制增加的难度较大。A市人大利用各种机会和场合争取获得市委领导的支持，把以前城建委员会变为城建与环资委，并且成立相应的工作委员会，增编6个人专门负责环境保护议题。现任副主任委员忆述道：[2]

---

[1]　A市人大常委会副主任在纪念A市人大设立常委会30周年大会上的讲话。

[2]　访谈材料A20121212a。

当年许多国企的排污令市民纷纷投诉，如市属的水泥厂排污问题，引起了周边群众的不满，而且还发生了污染饮用水的状况。除了工业污水的问题，还有中央和省开始推行措施来解决生活污水的处理的问题，污水处理厂的选址和建造问题也是面临的任务。因此，就积极主动地向市委汇报人大在环保监督管理工作的情况以及面临的任务，要有关领导重视，至少在组织资源上争取支持。

机构的新设以及增编，不仅使 A 市人大组织能力上获得一定的提高，同时也向各界传达了市委对人大环保监督工作的支持。另外，从 2001 年起，A 市党委书记兼任人大常委会主任，使得地方人大及其常委会对政府乃至相关部门的监督力度加强，地方人大常委党组成员还列席市常委会议，对于这个制度安排，受访官员认为①：

> 我们的大老板（人大常委主任）现在由党委书记兼任，有人觉得这是党对人大领导的加强，道理上说是，但这不一定就是件坏事情。有些时候审查意见或者重要事项的意见要经过主任会议讨论之后，才转交给市政府和相关部门，那么政府和相关部门在这时候就不能敷衍了事了。一些工委的调研报告上交给常委会讨论和决定，如果党委书记也参加了，也就代表调研报告的信息直接传达到书记的耳朵里了，这不就意味我们（地方人大）的意见可以提前进入党委决策参考、容易受到关注么？有些情况下，政府未必会采纳我们的意见，党组便在列席市委常委会议上提出，起码多一个发声的管道，让党委的决策参考信息中有我们的声音。

（二）寻求与政府良性互动和合作

地方人大的监督行为其实并不是为了站在政府以及政府决策的对立面，而是为了通过监督的手段来促进政府并且帮助政府找到问题，并提出切实可行的解决办法，环境问题也不例外。因此地方人大往往寻求在地方环境

---

① 访谈材料 A 20121213b。

决策中与地方政府良性的互动，甚至建立某种合作的基础。各自占有的不同资源对形成互动与合作的关系提供了可能性。A市在2000年开始就进入城市建设以及城市化的高速期，交通的问题以及交通设施带来的噪音等环境争议也较大。例如，A市政府于2006年开始解决东部交通问题，要建设一条快速公交线（BRT），然而规划沿线的居民纷纷对此反对，社会各方面对此争议也比较大，使得该项目一直无法落实。由于项目涉及的民众利益范围比较广，而A市人大拥有"与民意接近"的资源以及监督的权力，恰恰可以帮助政府通过该项目。A市人大官员在访谈中提及当年帮助政府通过快速公交项目的状况[①]：

> 当初那个项目民众利益牵涉比较广，政府有点为难，交通堵塞的问题不解决，政府更加为难。项目的分管领导和交委主任都不敢推下去，唯有扔到我们人大，让我们帮助他们解决。

借助"与民意接近"的资源，A市人大常委会听取市政府的报告以后，首先对外表示项目符合A市交通发展的原则。此后开始连同人大城建与环资委进行大量的调查，并且举行了多场专家咨询会、听证会以及专题审议，"帮助"政府"消解"社会对于项目噪声问题以及投资的疑虑。同时A市人大运用监督权，常委会及其城建与环资委为对项目方案提出了审议意见和调研意见，政府对此表现出"欣然采纳"并虚心听取民意的态度，改变之前政府试图"硬推"项目的形象。此后，政府提出一个修改的版本，并在A市人大会议审议通过。地方人大运用自身"与民意接近"的资源以及监督权，使得政府项目的争议性经过人大的政治空间的运转后有所化解。

对于部分政府职能部门而言，如果它们的意见和要求得不到决策者的关注，它们往往"绕道"，通过地方人大对政府以及其他政府部门的影响，获得资源申请上的支持，尤其是长期不受到重视的民生部门以及环保部门。地方人大与环保部门长期存在一定的合作关系。地方环保部门一定程度上

---

① 访谈材料A20121213c。

向人大提供一些业务上或者现状问题的信息，而地方人大也便拥有对政府行为和施政监督所必需的信息资源。地方人大便与部门的政府部门形成一定的合作基础。其中 A 市人大官员也有一定的体会，并且提道①：

> 有些话环保部门也不好说，即使说了也会被市长一句话搪塞过去。所以（市人大）进行部门预算调研的时候，它们就故意把一些方案、想法"告诉"我们，想我们做成议案或者意见说给政府知道。其实啊，我们就变成了传话筒，只不过我们传的话，带着它们部门的意图。人大说给市长听的时候，他怎么样也要听一听，即使听了不做，他也不能不听。

> 我委（城建与环资委）到环保部门调研，它们的领导就向我们"抱怨"在整治工业企业污染治理的时候，其他部门不配合，项目经费也不足，问题很严重，它们的工作进展缓慢，也很为难。它们把问题透露给我们，目的就是"引导"我们去调研，然后形成意见和议题向市长反映，让其他部门配合一点，让财政局拨多点钱，让环保口的工作好做一点，阻力少一点。

（三）借助外部资源，拓展外部环境的支持

地方人大还主动寻求外界环境的支持，争取省委、上级人大、人大环资委以及舆论对其工作的肯定和支持，有利于在整个地方决策过程中掌握更多发言权。媒体是地方人大经常借助的资源平台之一。地方人大会向媒体宣布有关地方人大政府监督的信息以及取得的成绩，人大官员主动在媒体上面撰文，尤其是媒体关心的民生问题，地方人大往往主动释放信息，一定程度与媒体合作，目的就是借助媒体平台扩大地方人大在决策过程中的发言权。此外，地方人大还组织考察团到其他省和市进行政府监督，特别是城市建设以及环保监督的交流；邀请国内外环保和城建的专家和研究者前往 A 市调研；在一些项目的初审阶段会举办听证会并且接受公众报名参加，涉及环保预算支出项目争议较大的还会连同其他专委（如财经委）

---

① 访谈材料 A20121213g。

召开预算审查听证会以及项目专题审议。上述行动使 A 市人大树立相对积极、正面的监督者的形象，也获得更多的外部资源，从而增强其在决策网络中的地位。

A 市人大在不断地争取影响力资源，确保其在环境决策过程中具有一定的影响力。A 市人大通过监督权和议案权的实施，吸引决策者的注意力转移到环境议题上。地方人大对地方政府的监督权和议案权的实施，主要依据《各级人民代表大会常务委员会监督法》和《地方各级人民代表大会和地方各级人民政府组织法》，其中最为常用的监督权和议案权的实施方式有执法检查、个案监督以及提出议案（包括质询、询问以及提出批评、建议和意见）。在环境保护领域里，执法检查以及提出议案（包括询问与批评、建议和意见）是最为常见的方式，也是最能够吸引决策者注意力的一种方式，因为被提出的相关机关和组织必须认真研究处理相关的建议，并且必须回复人大代表或者其常委会。

在 A 市的调研了解到，B 江的污染情况早在 2006 年就有代表提出《关于治理 B 江水污染环境的议案》并提交给人大常委会讨论，不过当年没有列入大会的会议议程讨论。直到 2010 年，村民对 B 江流域污染情况反映再度强烈。来自 H 区的 A 市人大代表表示，在 2010 年下半年 A 市人大共接到关于 B 江投诉和信访的案件达 28 件，接待来访 45 人。B 江的环境污染问题迅速引起人大代表的关注。2011 年的 A 市人大会议上，代表联名再次提出《关于治理 B 江流域污染以及保护 A 市西北部饮用水源保护区的建议》，经过大会主席团会议审议定位重要的议题，并且要求市政府以及相关部门进行处理。当时的市长列席了当天的会议，来自 H 区的代表在大会上进行了发言，阐述了对水污染问题的严重性以及整治 B 江对于保护 A 市西北部饮用水源保护区的重要性。

为了减少市长"听了却不作为"的概率出现，首先在人大闭会期间，常委会邀请 H 区的代表一起进行执法检查。早在 1996 年，A 市人大已经通过《A 市饮用水源污染防治条例》。常委会以及城建与环资委打着该条例的名义，组织执法检查活动，并针对 A 市西北部饮用水源保护区的执法检查，之后形成检查报告并提交给常委会。由于环保领域中专业性的门槛，一般的执法检查常常都是流于"走走看看""只看到成绩看不到问题"的状态。

然而，由于城建与环资委里有委员曾任职 A 市环保局的副局长，因此相关的环保执法检查就变得十分有针对性。在整个执法监督部署以及后续跟踪的工作中，常委会和专委还邀请媒体跟踪报道，通过媒体指出问题并提出针对性和建设性的建议。这种较为高调的执法检查活动不仅指出了政府环保执法工作上的问题，而且通过执法检查可以使政府对 B 江水污染问题高度关注。执法检查之后形成的检查报告在常委会审议后，送交给政府以及环保局研究处理。人大常委会以及专委在之后也会对政府相关部门的工作机构进行跟踪和督办，并且要求政府以及相关部门在规定时间内向常委会以及专委提交处理情况的报告。这无形之中也确保政府以及相关部门对相关议题至少可以"紧张起来"。

其次，针对代表提出的议案建议，城建与环资委先后两次牵头召开重点专题调研，赴 B 江流域以及 A 市西北部饮用水源保护区进行集中视察，专门组织到昆山和杭州等地学习如何处理水域水污染的治理以及水源保护区保护的经验，形成调研报告提交给常委会并且转交给政府以及环保部门。

同时，在专委和代表视察之前与市内有影响力的省级媒体"通气"，希望他们全程集中报道人大专委以及代表对于该地区的视察情况，寻求通过媒体的平台对市政府进行某种程度的"施压"。专委还在著名的门户网站上登载民意调查问卷，收集民众对于如何处理水源保护区保护以及流域污染治理的意见。其实，这些调研不仅有助于形成建设性意见，最重要的是这种调研行为本身就是借助民意的力量以及借助媒体的平台，传达地方人大对于问题严重性的关切，吸引决策者对 B 江污染问题的关注。

此外，A 市人大还借助市委常委会议的平台发声，想方设法地引起市委决策者对 A 市西北部饮用水源保护的重视。常委会副主任在列席市常委会议、讨论"城市可持续发展"的时候，时任常委会副主任就对此发言提出城市饮用水源保护对城市可持续发展的重要性，并且对当前 A 市饮用水源保护面临的问题作出简要分析，试图引起市委领导对 B 江流域污染问题的关注。[①] 市委领导对人大的专委进行走访的时候，代表也抓紧机会与市委

---

① 笔者并未采访时任常委会副主任，相关信息来源于 A 市社会科学院的学者，访谈材料 A20121217a。

领导表达对 B 江水污染问题的严重性以及问题解决的重要性，也试图影响市委领导对环境议题的关注。最后，在省环保局以及省人大环资委到 A 市检查减排达标工作的时候，在肯定市政府对于污染物减排成绩的同时，也对现有问题提出一些建议，其实这些建议就暗含对 B 江水污染治理的忽视以及缺乏对西北部饮用水保护的规划。

三、上级政府的行动与策略

上下级政府之间的关系可以抽象理解为委托人—代理人的关系，即委托人（上级政府）把某项特定得任务或者工作交给代理人（下级政府）去完成，而任务和工作完成得好坏取决于代理人努力的程度。但是委托代理之间可能会存在"激励的问题"，这是源于委托人与代理人目标的不一致以及信息不对称。对于上级政府管理下级政府干部而言，最有效的方法就是通过干部考核制度以及目标管理制度，上级政府给下级政府以及官员设定不同的指标，并且在规定的时间验收、视察、考核地方政府以及官员完成指标的情况。为了让下级政府以及官员有压力感，考核的情况与官员的职业前景相挂钩，通过晋升压力来使下级政府以及官员的行为与上级政府保持一致，即周黎安提出的"政治晋升锦标赛"。但是在实际的指标运作中，指标之间往往存在某种程度的内在张力或者冲突。对于广东省政府而言，如何激励地方政府投入资源在环境保护领域上一直是两难问题。广东省人大环资委的受访官员认为，环境治理的政策目标其实往往与经济发展的目标产生冲突，地方政府和官员往往面临多重目标的冲突情况。[①] 调研所在地的省政府在"十一五"规划期间就制定了一套用于考核地方政府绩效的体系，"经济发展"的比重依然高达 30%。可见，在这两难目标中，省政府还是把"经济发展"放在优先考核的指标当中。

不过，随着环境问题的日益加剧，广东省政府开始作出努力，通过调整地方政府以及官员需要完成的指标来吸引地方官员对环保注意力分配。省政府通常通过加入某些指标、调高指标的比重以及"硬化"指标的考核来吸引地方官员对环境议题相关指标的注意。早在 1994 年，广东省就

① 访谈材料 G20121219a。

开始实行环保目标责任制。"十一五"计划期间，由于中央对于减排的决心加大，广东省感到减排自上而下的压力后，在2008年公布了《广东省"十一五"主要污染物总量减排考核办法》，省政府与各地方政府签订目标责任状，明确污染物排放的减排目标（主要是二氧化硫和化学需氧量），并且对目标的考核更为"硬化"，变为"约束性指标"，考核结果实行问责制和"一票否决"制。对于未通过考核的，将暂停其所有新建项目的环评审批；撤销省授予的环境保护和环境治理方面荣誉称号；暂停安排省级环保专项资金；该地区主要领导和分管领导不得参加年度评奖、授予荣誉称号等。

2008年公布的《广东省市厅级党政领导班子和领导干部落实科学发展观评价指标体系及考核评价办法（试行）》把关于环境保护的评价指标中从过去的6%上升到15%，并且加入了对农村饮用水安全和饮用水保护评价指标。这在一定程度上表达了省政府对于饮用水安全以及饮用水源污染问题的重视。同时，在2009年公布的《广东省环境保护责任考核指标体系》中把饮用水源的分值从过去的5分上升到16分，并且试行问责制以及"一票否决"制度，试图吸引地方政府决策者对饮用水源污染问题的重视。

虽然广东省政府推行了更为"严厉"的官员环保考核体系，甚至运用硬化环保指标的方式来吸引市级政府决策者的注意力，但是相关的制度执行中还存在一些问题。特别是在环境污染治理这种领域中。环境污染治理领域检验的技术、统计的手段、测量的标准和时间等都存在相当的模糊性、不确定性以及不对称性。周雪光和练宏认为，虽然上级政府强化了地方政府投入环保治理的激励设计，然而，环保目标考核中往往会出现信息的模糊性，即"在相同信息条件下人们会有不同的解释和理解，如面对水样的超目标同一测量结果，可以归咎于监管不力，可以是测量工具或者技术的缺陷，也有可能是不可控的自然力量导致（比如暴雨破坏污水处理厂等）"[1]。除了信息的模糊性以外，信息的不对称性与不确定性也非常大。市

---

① 周雪光、练宏：《政府内部上下级部门间谈判的一个分析模型——以环境政策实施为例》，《中国社会科学》2011年第5期。

级政府以及官员的环保指标考核通常由广东省环保厅负责验收。虽然全省范围内设有国控断面的自动检测信息收集，以及重点企业国控排放数据的收集，这些检测数据被直接传送到国家和省环保部门。水质是否达标或者是否完成相应的减排目标会受到取水口位置、季节、温度、样本量等因素的影响。所以，在环保指标验收的过程中，这些国控数据只是作为目标完成验收的参照数据。验收的主要数据通常来源于地方上报的结果，然后广东省环保厅根据上报的情况到每市去检查、验收与核实。[①]因此，这个制度执行过程存在信息不对称的问题，市级政府通常拥有更多的地方性信息以及对数据真确性的知识。同时，这种达标验收的过程实质上给予市级政府操作数据的空间，在一定程度上市级政府不需要拨出相当多的额外资源来完成指标，市级政府面临来自于省政府的环保"压力"也不太强烈。

面对环保污染治理领域的这种特性，广东省政府也会采取一种类似"动员模式"的验收过程，即当年投入更多的注意力以及资源，更加密集地进行指标的审核、执法的监督以及加重惩罚措施等。这种模式往往给市级政府施加巨大的压力，而市级政府操作数据的空间也必然大幅度减少。在动员模式下，完成环保指标的压力会一定程度上吸引决策者到环保议题上。2010年年中，A市上报的目标结果显示A市的环保目标预计超额完成。然而，当年省人大和省环保厅开始关注饮用水源保护区污染的问题，并且根据A市上报的结果，对A市北部三个区域水源地进行较为密集的调查，对A市在上报关于北部区域减排量进行非常严格检查，最后只认可上报工业减排量的50%。A市北部区域和南部区域是工业减排的重要区域，减少50%的认可量，使A市不得不临时性暂停部分大型重污染排放的企业来完成排污量的达标。由于市级政府对于环境问题长期处于"扑火"以及被动式的响应，类似这种目标验收的"松紧程度"的调整，通过上级政府密集式检查一定程度上可以影响决策者的注意力配置。

广东省政府除了运用"治官"的途径（指标完成情况调整）来吸引地方决策者对环保议题的关注以外，还会运用法律途径，通过颁布新的地区

---

① 访谈材料G20121227c。

性条例、办法试图规范地方政府的环保治理行为。例如，2007 年，颁布了《广东省饮用水源水质保护条例》，明确了水政、渔业、农业、林业、环保部门在保护饮用水源水质上的职责。对于地方的法律责任也有明确的规定，"如果发生水污染事故以后，对负有领导责任的当地人民政府及饮用水源水质保护监督管理部门的主要负责人、分管负责人给予处分。"新的法律法规的颁布只有与"治官"的手段配合，才会有效吸引地方决策者对环保议题的关注。

四、A 市环保局的行动策略

对于 A 市西北部水污染的问题，A 市环保局在 2003 年就收到居民的信访投诉，并在 2009 年的市长办公会议上提出针对 A 市西北部水污染治理的问题。由于受制度结构因素的影响，A 市西北部水污染问题治理方案被搁置讨论。① 到了 2010 年，A 市环保局收到更多针对 A 市西北部水污染问题的投诉，其中部分信访者到省环保厅上访，省环保厅立刻转批相关上访。与此同时，A 市环保局也感受到省环保厅对 A 市西北部水污染问题的重视。A 市环保局除了向市政府负责，同时也需要接受省环保厅业务上的指导。当年广东省环保厅就拟定最新版《广东省水环境功能区划》，在对全省各地的水域视察以后，认为 A 市西北部污染物排放的现状实质上不符合原本功能区划的要求。广东省环保厅明确要求 A 市环保局将饮用水源保护作为部门优先处理事项。因此，A 市环保局也受到来自于省环保厅的压力。2009—2010 年，全球性金融危机使 A 市环境污染治理的步伐也开始放缓，同时影响到 A 市环保局所掌控的资源，甚至出现项目削减的情况。2010 年，A 市环保局的项目支出比 2009 年减少约 35%。市级政府行政主管部门以及领导在所分管的领域中具有一定的权利，为了掌握更多可掌控的资源（人力和财力），它们有动力把部门意志转化成新的议程，成为政策企业家。同时在居民不断上升的投诉与省环保厅的行政压力下，2011 年 A 市环保局领导向市政府提出 A 市西北部水污染治理的建议。

---

① 访谈材料 A 20121113h。

（一）政策企业家影响决策者注意力的途径是说服

作为政策企业家的环保行政主管部门其实是决策者的下级，要把相关的环境议题列入政策议程，就需要下级说服上级，使决策者对相关问题的认识升级。这种说服其实就是使决策者对环境议题的评价维度有所转移，建立一个有说服力的策案，即对问题的重要性、紧迫性进行有理有据的说明。为了实现这个目标，A市环保局与省内重要科研机构（华南所）进行合作，在向市政府提出建议的时候，与华南所进行项目委托，研究在A市西北部水功能环境区划以及治理，并且形成规划方案，帮助其从科学的角度来论证A市西北部饮用水资源的保护对不断扩展A市人口承受力的重要性。此外，重要性和迫切性还体现在维护社会稳定以及该问题在全省的重要意义。饮用水源保护的方案有利于改善附近村民生活以及灌溉用水问题，有利于维护该地区的社会稳定，而饮用水源保护是省政府以及省环保厅的工作重心。因此，省有关规定以及省环保厅的表态对说服决策者是十分重要的。

（二）政策企业家影响决策者注意力的途径是建立支持联盟

为了更有效地影响决策者注意力，避免上次被市长"一句话打发"的情况出现，A市环保局还通过建立支持联盟，务求增强影响的力度。这个支持联盟主要包括科研机构、省环保部门、省人大环资委以及市人大。在方案提出以后，A市环保局抓住省环保部门以及人大环资委视察工作以及验收目标完成的机会，争取他们对方案的表态。省环保厅与市环保局的认识无论是问题的属性、原因和治理的方案等问题，相当一致。省环保厅的官员认为此方案是广东省城市中第一个首先提出相关成熟治理方案，并且对于其他城市如何进行饮用水源保护以及治理起到了"模范作用"。[①] 省环保厅的支持增加了市环保部门说服决策者的理由，而如果广东省在饮用水源保护上面工作有所突破，这将会是省环保厅重要的工作成绩。2010年，保护城市饮用水源保护区以及治理的工作成为了广东省政府的重要工作之一。省环保厅下达了《广东省城市饮用水水源地环境保护规划以及治理方案等有关工作的通知》，要求各地方进行城市饮用水源保护现状的调查，并

---

① 访谈材料A20121114k。

要求地方政府尽快开展饮用水源保护的研究工作。2010 年年末，在广东省举行的国家重大科技项目 P 江专项中期评估会上，国家水专项管理办公室主任、国家环保部科技司司长以及省环保厅副厅长表示，"必须对破坏饮用水资源的污染行为'零容忍'，并且鼓励地方政府自主制定保护饮用水资源的条例和办法。"① 虽然这是一个科研评审会议，但是传达了来自国家环保部以及广东省环保厅对饮用水源保护的意志，同时也是对 A 市环保局提议西北部水域污染处理的一种支持。

除了借助省级政府以及有关部门的支持外，在人大进行预算调研以及工作情况调研的时候，A 市环保局把相关的问题透露给市人大以及代表知道，希望他们可以做成议案或者意见说给决策者听，试图"借助"市人大的政治空间来吸引决策者对相关提议的注意力。针对其他政府部门，A 市环保局也尝试争取其加入支持联盟。A 市环保局组织召开饮用水资源保护科研课题的评审，邀请市政府其他部门代表参加，包括市发改委、市经贸委以及市政府政策研究室的代表，其实通过课题评审的场合，向其他政府部门说明西北部饮用水污染问题的严重性，目的是试图说服相关的政府部门加入其支持联盟，即使它们不公开表态，也不要进行"反说服"。事实上，A 市环保局在 2011 年市政府提出方案之前，还拜访过 A 市政府的其他部门，如发改委、经贸委等。尤其在 A 市环保局提出的方案草案前听取了市经贸委的意见和建议，并且进行了必要的沟通。因为草案中需要关闭部分企业，对 A 市西北部的重金属行业进行治理，必然涉及市经贸委的部门利益。最终，虽然方案会影响到 A 市西北部重金属加工行业的利益，但是大体上符合长远的行业淘汰以及引进新兴行业的趋势，市经贸委对此并未"表态反对"。②

2011 年，《A 市 B 江水污染以及北部饮用水源保护区治理建议》成为 A 市政府常务会议的讨论议题，并且通过决定于 2011 年下半年起开始对 B 江污染企业进行全面的排查和工业污染源的摸查，追加 1000 万元预算经费用于 B 江污染源巡查监督、排污口治理以及严厉打击违法排污行为。从 2012

---

① 内部数据 N03。
② 访谈材料 A20121014d。

年开始，增加对饮用水源保护区污染源防治工作的项目，并且增加拨付约 2000 万元用于 A 市西北部饮用水源保护区污染源防治工作、拨付约 1000 万元用于补助符合规定的企业污染治理工程项目。

第三节 影响决策者环保注意力的机制分析

已有文献一般在分析地方政府以及官员行为时将行动者追求自身利益最大化作为出发点。由于经济绩效是地方决策者面临目标中的"硬指针"，而且容易被量化，经济发展应该会成为地方决策者所要追求的主要目标。从这个逻辑出发，就很难理解为什么地方政府和决策者会通过 B 江水污染治理的方案，并且投入相当的财政资源在环境治理领域中，进而无法解释本书的出版。已有文献所认为的制度引导下较为固定的"偏好格局"以及利益结构事实上不利于解释地方政府动态变化的行为，特别是环境污染治理的行为。

决策者作出政策选择的时候，必须面临复杂和多变的决策语境，这意味着决策者必须对决策语境有所取舍，分解出哪些重要、哪些不重要。这就是注意力配置的过程。相对固定的偏好未必在决策过程中起着决定性作用，因为决策过程中，偏好被个人对决策情境的解读启动，偏好和决策情境的结合产生了选择。在政治决策过程中，决策情境总是不断地变化，而选择也总是在转变，但是偏好并不总是处于变化之中。因此，决策情境的变化导致对根本偏好的注意力发生了变化，进而导致选择的变化。琼斯称之为时序政治选择（temporal political choice）的悖论：即使选择已经发生变化，偏好也依然保持不变。因此，要实现什么样的偏好，往往取决于决策者作出选择的决策语境。因此，"实现什么样的偏好"并非固定的，而是受决策者注意力的改变而改变。

为什么决策者的注意力会出现改变？这源于决策者注意力配置的改变。决策者注意力的配置事实上是由一系列指标组成的。由于决策者处于过量信息输入的环境，决策者往往通过一系列"指针"（indicators）来对多元管道获得的信息进行筛选和过滤，即"隐含指标构建"（Implicit Index Construction）。[1] 通过这一系列指针的衡量，就可以"过滤"出较为重要的问题或者议题。以 A 市的案例而言，A 市决策者的"隐含指标"在一定程度上被限定，因为官员考核中的"硬指标"如经济绩效等比重较大，因此经济问题比较容易吸引 A 市决策者的注意力，从而登上政策议程，2009 年首次提出 B 江水污染治理方案被搁置讨论就是一个例证。由于经济绩效在决策者"隐含指标体系"中有较大的比重，保经济增长以及就业的议题就登上了政策议程，也可以分配到较多的财政资源。环境议题则在这个被限定的"隐含指标体系"下被"过滤"。

"隐含指标建构"的过程并不是完全固定不变的，往往受到决策的语境情景影响[2]，而上述各位行动者就是不断地影响决策的语境，并且插话式地把相应的冲突性评价以及重要性评价插入决策语境，使得决策者的"隐含指标建构"和注意力的配置也发生相应的改变，推动决策者的注意力转移到环境议题上。社会产生自下而上的环保压力实际上促使决策情境中的"冲突性评价"（如"社会稳定""生态环境""民众生活安全""饮用水源安全"）凸显，推动决策者注意力配置的转变。村民的不断信访与投诉触发了决策情境中对于社会稳定问题的显著性，这在旧有的隐含指标体系中具有一定的比重。饮用水源保护以及安全问题属于"生态环境"以及"民众生活安全"的评价范畴，在旧有的决策者隐含指标建构里的比重较低（或者不是指标之一）。因此，无论是大众媒体密集型的报道形成媒体议程，还是市人大不断加强的环保监督力都是同时驱使"生态环境"以及"民众生活安全"进入较为重要或者比重较大的隐含指标之列。省政府由于拥有较多的组织化资源，它们主要通过官员考核指标的"不断调整"，这种调整并不是比重上的调整，而从完成"难度"上调整来吸引决策者的注意力。省政府"加大"指标完成难度，实质上就是把"生态环境"指标摆在相对"迫切性"的位置。由于市级政府的官员考核依然控制在上级政府手中，因此

---

[1]　Jones, B.D., *Reconceiving Decision-making in Democratic Politics. Attention, Choice, and Public Policy*, Chicago: University of Chicago Press, 1994, p.58.

[2]　ibid, p.275.

省政府往往通过这个机制来吸引决策者的环保注意力。A市环保部门由于面临不利的游戏规则以及有限的资源，它们通过对B江环境问题的清晰界定（说服）和争取市人大以及上级政府的支持，直接与制度结构阻力进行较量，推动决策者的注意力向着"社会稳定""生态环境"以及"民众生活安全"三大评价目标转移。当各个行动者产生的环保压力以及推动力同时作用时，就突破现有决策过程中的阻力以及决策者的注意力限定，成功地将决策者的注意力吸引到环境议题上，环境议题才登上政策议程，市级政府的污染支出才得到大幅度的增长，市级政府的污染治理行为才变得"有所作为"和"积极"。

各个行动者往往面临不同的游戏规则而采取不同的策略，如何合理化和策略性地借助和利用"资源"，成为能否把压力和推动力释放到极致的关键，进而影响对决策者注意力吸引的成功率。对于社会中利益受损者——村民而言，他们影响决策者注意力往往通过"闹大"的方式，即越级信访以及借助新闻媒体平台进行，这使得他们在拥有资源较少和面对组织化资源较强的政府时，能够尽量把社会的关注力与目光聚集在水污染事件中并且引发讨论，试图吸引政府决策者对相关事件的关注。市人大及其常委会就利用地方党委的支持，使自身在组织资源上得到提升，并且利用与政府合作的关系、媒体的平台以及其他外部资源，使市人大对于环境问题的监督力释放到最大；而上级政府拥有较为丰富的组织化资源，因此通过密集化动员检查与颁布新的法律法规以及人事考核标准来吸引决策者的注意力。市级环保局在整个决策过程中面临制度结构施加的阻力——讨价还价成本以及协调成本。因此，扮演政策企业家的地方环保局借助"全方位"的资源，包括科研机构、省环保厅和省人大、市人大等，来组成支持联盟，突破现有的决策阻碍对决策者进行说服。

由于无法接触到A市的核心决策者，因此笔者在实地调研和案例分析过程中无法完全展现制度结构因素（决策者注意力限定与污染企业的游说阻挠）对于环境决策（污染治理支出决策）的全景。在本案例中决策者环保注意力出现转移，因此案例更多地探讨了驱动决策者注意力转移的机制和途径，即公民、大众媒体、市人大、上级政府、市环保局等行动者通过各自的策略和途径，试图引起决策者的注意力，推动决策者环保注意力的转移。然而，单一案例分析无法推断各驱动因素对决策者注意力转移的影响程度，即哪个驱动因素更为重要、影响力更大，哪个驱动因素影响力较弱。严格来说，A 市的个案分析只是揭示了决策者环保注意力转移的驱动因素和制度结构因素的运行机制和途径，至于因素影响力程度的分析，需要更多的案例比较分析才能得出。

第七章 结论

第一节 研究发现

如何解释市级政府环境污染治理的逻辑？多数政治学文献从政治结构、制度所施加的利益格局以及偏好结构来分析地方政府环境污染治理行为，认为地方政府对环境治理缺乏积极性、不作为以及奉行"不出事的逻辑"。经济学的文献多数从外部性视角来剖析环境保护公共产品的供给问题，认为环境污染的负外部性与污染治理努力的正外部性是导致环境保护公共产品供给长期不足的原因。因此，已有的政治学与经济学文献一致认为，现有的制度、结构以及环境属性不利于地方政府的环境治理，地方政府往往缺乏激励性同时也不会努力进行环境治理。由于政治结构以及制度是相对稳定的，而外部性效应在现实生活中也难以消除，现有的文献对于政府环境治理行为的解释也较为"静态"。

地方政府的环境污染治理行为现状是否如此？本书以重点城市的工业污染治理支出作为指标考察地方政府的污染治理行为，通过对1994—2010年重点城市工业污染治理支出的数据总体变化分析发现，污染治理支出在多数情况下处于停滞或者微调的状态，维持现状或作微调是预算决策输出的长期表现，并出现削减的情况；同时适度和中等的支出调整较为困难，剧烈的、大规模的支出变化比常态的预期更多。地方政府的污染治理支出并非呈现正态分布和渐进式的增长，而是明显地表现出长期的停滞和维持现状，并夹杂着比预期更多的间断性的大幅度增长，呈现出一种间断均衡的特征。在经济不断快速发展与新污染源不断涌现的情况下，地方政府长期无意改变现有污染治理支出水平来提高污染治理的努力程度，甚至出现污染治理支出削减的情况。这意味着地方政府对污染治理不积极。然而，剧烈与大规模的支出增长多于常态的预期。这意味着在特定年份中，地方政府对污染治理又表现出积极性以及"有所作为"。地方政府的污染治理行为并非现有理论分析所预期的"恒定式"地缺乏积极性以及"不作为"。

因此，已有理论不足以解释上述观察的现象。市级政府在决策过程中会面临不同的决策语境、政策背景以及所要解决问题的缓急程度，因此较为"静态"的理论观察无助于考察地方政府复杂和变动的环境治理行为。为了捕捉市级政府污染治理行为的动态变化，本书运用从间断均衡的视角对市级政府环境决策（污染治理支出决策）过程进行分析。间断均衡的理论主要强调决策者的注意力是稀缺且善变的，并且强调在决策过程中决策者的注意力转移是导致决策选择稳定和突变的根本原因。

本书在间断均衡理论的基础上，提出分析地方政府污染治理行为逻辑的框架——制度结构与决策者注意力。这个分析框架不仅可以有效解释市级政府环境决策、环保预算过程以及决策输出，同时也能捕捉污染治理行为动态变化的影响因素。首先，地方政府决策过程的阻力以及制度结构所施加的决策者注意力限定构成制度结构因素。地方政府决策过程的阻力主要由决策过程中产生的交易成本构成，交易成本的出现源于决策过程中两大"破碎化"，即权力结构的"破碎化"和环保职责划分的"破碎化"，以及决策过程中排污企业的游说和影响。同时干部管理制度下的考核体系把决策者的注意力限定于有限的几个方面和指标，即经济绩效以及社会稳定等。结果，制度结构因素充当决策过程中"负反馈"的作用，决策过程的阻力使得地方政府的污染治理支出变化长期停滞、维持不变或者微调，甚至出现削减，同时决策者注意力的限定使环境议题也不能受到决策者的重视和关注，环境议题登上政策议程的难度大。尽管如此，决策者的注意力是稀缺而善变的，在不同的决策语境中，决策者的注意力会出现转移。一旦决策者的注意力转移到环境议题，不仅可以克服制度结构所施加的注意力限定，同时也可以大大减少环境决策过程中的阻力，使环境议题能够登上决策者的政策议程，这样污染治理支出才有大幅度增长的可能性，政府的污染治理行为才变得积极和"有所作为"。因此，推动决策者注意力转移的因素与制度结构因素是相互进行较量。如果决策者的注意力不能转移到环境议题上来，制度结构因素所产生的阻力就会一直消极影响地方政府的污染治理支出水平与治理行为。本书假设，驱动决策者注意力转移的因素由环境污染事件、社会自下而上的环保压力、市人大的环保监督力、上级政府的环保行政压力以及市级环保部门的推动力组成。

为了系统地考察制度结构因素和决策者注意力对污染治理支出行为的影响，以及系统检验推动决策者注意力转移的影响因素，本书利用1994—2010年21个重点城市的数据进行回归分析，结果表明：①自下而上的社会环保压力、市人大的环保监督力、上级政府的环保行政压力以及市级环保部门的推动力是驱动地方政府决策者注意力转移到环境议题的四大主要因素，而环境污染事故在统计上未能出现预期的效果，未能通过统计的显著性检验。这也许源于环境污染事故并未直接影响决策者的环保注意力，而是通过其他变量的转换才发生作用。②在控制其他变量的情况下，地方政府工业污染治理支出并没有随污染物排放量的变化而变化，而是根据决策者的环保注意力以及制度结构因素的变化来变化，这一定程度上反映了市级政府污染治理的逻辑：污染治理行为（工业污染治理支出）并不是依据辖区内污染程度的变化来决定的，而是很大程度上受到决策者的环保注意力和制度结构因素影响。地方污染治理行为变得积极很大程度上由地方政府决策者环保注意力转移决定。

为了进一步分析对决策者注意力转移的内在机制以及制度结构因素对环境决策的影响，本书分析了2010—2011年A市关于B江水污染治理的决策过程。地方政府污染治理的逻辑在B江水污染治理的整个决策过程中有具体的体现：由于环保职责的破碎化以及污染企业的游说和影响，环境决策过程中存在过高的交易成本。加上决策者注意力限定与经济绩效等目标，即使污染状况处于持续恶化的状态，改变现状的环境决策也难以通过和实现，地方政府的污染治理行为停留在不积极的状态。为了突破现有制度结构因素产生的阻力，上访村民、大众媒体、市级人大、省级政府以及市级环保部门在各自的游戏规则下，采取不同的策略和行动，争取更多的资源以及行动空间，试图把压力和推动力释放到极致，这个过程实际上是各个行动者推动决策者关注决策语境的方面和指标的转移，从以往限定的经济绩效和社会稳定方面向生态环境、民众生活安全以及社会稳定等方面转移。当这些压力和推动力共同作用时，只有成功地将决策者的注意力吸引到环境议题上来，克服制度结构产生的阻力，环境议题才能登上政策议程，现有的污染治理支出水平才会有大幅度的提高，政府的污染治理行为才会变得更为积极和"有所作为"。

第二节　本书贡献

第一，已有的中国研究文献大多从政治制度和决策结构产生的协调过程和激励机制，以及经济外部性等视角对地方政府环境治理行为的影响进行分析。例如，治理职权划分的破碎化如何导致部门互相推诿治理责任的情况出现；财政分权以及人事管理制度如何为地方政府及其官员治理不积极和"不作为"提供条件以及反向激励结构；污染的负外部性以及环境治理的正外部性效应产生"搭便车"的行为存在从而导致地方政府环境治理公共产品供给的不足。已有的理论视角都停留在较为"静态"的层面观察地方政府的环境治理行为，过多地关注利益格局以及偏好结构，这只能解释为什么地方政府不努力、不积极地进行环境治理。然而本书发现，地方政府对污染治理还存在积极的行为，因此，本书的贡献不仅可以弥补现有文献不能解释"积极性现象以及有所作为"的不足，同时，本书提出分析框架还有利于捕捉地方政府环境污染治理行为的动态变化。决策者在面临复杂而多变的决策语境时，并非依照已有文献所言完全受到激励机制的驱动而做出决策；相反，在某些决策语境下决策者会做出与以往决策选择不一致甚至与激励结构不相符的选择。

第二，本书的实证研究和案例分析均发现社会力量尤其是民众以及大众媒体对环境决策的影响，反映出中国地方政府议程设置的开放程度不断加大。王绍光认为，封闭型的"关门模式"与"动员模式"开始势微，而"内参模式"开始成为常态，"上书模式"和"借力模式"也偶尔出现，而

"外压模式"则频繁出现，体现了政府议程设置逐渐变得民主化以及响应性更强。[①] 然而，相关的论述并没有回答通过什么样的机制才把外在的压力转化为公共政策的议程。本书分析框架对此提出了一个清晰的解释，即注意力配置的转移。本书认为，外在压力可以通过决策者注意力配置变化的机制进行转化，推动决策者关注决策语境的方面和指标有所改变，从而推动外在的议程转变为决策者的政策议程。随着环境问题受到越来越多人的关注以及公共政策议程不断开放，外在压力对决策者的注意力转移以及决策选择的影响将会越来越明显。尽管当代中国现有的社会外压力量在设置议程和转移决策者的注意力方面还不尽人意，但本书的发现一定程度上说明中国地方政治的逻辑正往良好的方向发展。

第三，本书对于地方政府污染治理支出的发现与西方发达国家的支出行为有所不同。以美国为例，其环境需求的变化（例如污染物排放的增多、工厂密度的增大等）对于政府的治理支出行为有显著的影响，政府治理的行为普遍依据治理需求的变化而变化。[②] 本书观察到的地方政府支出行为则出现高度间断均衡的特征，本书所提出的分析框架——制度结构与决策者注意力对理解"人治"色彩较为浓厚的中国地方政府行为十分有帮助，特别有助于理解带有"非理性""非线性"以及"非科学"特征的污染治理行为。

第四，本书并没有否认制度对地方政府以及官员行为的影响作用，特别是人事管理制度中官员考核的指标对决策者注意力限定的影响。然而，本书在分析过程中发现，即使上级政府"硬化"环境考核指标，由于环境领域存在特殊的技术性和相当的模糊性，上下级政府之间存在信息的不确定性和不对称性，地方政府往往存在操作的空间，对于持续性地吸引决策者的注意力而言，效果并不十分明显。因此，上级政府只能以非常规化的手段应对，如密集化的检查。这不仅耗费大量的资源，而且非常规的应对

---

① 王绍光：《中国公共政策议程设置的模式》，《中国社会科学》2006 年第 5 期。

② 请参见 Wang Xiaohu, "Exploring Trends, Sources, and Causes of Environmental Funding: A Study of Florida Counties", *Journal of Environmental Management*, 2011, 92(11): 2930-2938; Pearce, David and Charles Palmer, "Public and Private Spending for Environmental Protection: a Cross-country Policy Analysis", *Fiscal Studies*, 2001, 22(4): 403-456.

不能"常态化"使用。其实，本书的分析也隐约指出，虽然社会与市级人大拥有有限的资源，但其在影响决策者注意力的方面发挥了一定的影响力。由于环境领域具有严重的复杂性、长期性、不确定性以及科学手段的有限性，政府与"环境"的距离很远，而公民与个人距离"环境"最近。从政策启示的角度而言，上级政府除了通过加强官员考核的指标建设，如硬化和细化各项环境指标建设，不妨在公民社会的培育以及地方人大的能力培养方面做出更多努力，以消除由于考核指标带来的种种弊端。

第三节　未来的研究方向

由于时间和精力所限，本书也存在一些不足。这篇博士论文的未来发展主要基于以下几个方向：第一，首先是统计分析和统计模型方面，变量的量化操作和数据库需要进一步发展和完善。例如，本书对社会环保压力的衡量仅仅使用群众信访的统计数据，然而 NGO 启蒙和动员力量、大众媒体的监督压力等也许比民众信访对环境决策的过程更加具有影响力，未来的研究将考虑更多衡量指标，以丰富本书论点的论述。第二，本书的统计样本只覆盖 21 个重点城市，由于时间和数据搜集的局限性，其他地级市和地区 / 盟并没有纳入统计分析。要全面考察中国地方政府的污染治理的逻辑，覆盖范围更为广泛的统计样本是必需的。未来的研究将挖掘更多更可靠的数据样本以充实数据模型的解释力。第三，笔者在田野调查时并没有对市级政府核心的决策者进行访谈，一定程度上影响了案例分析印证分析框架在现实世界中运行的逻辑。本书的案例分析关于制度结构因素对环境决策的影响论述并不完整，也不够全面，未来的研究将拓展相关的田野资料，着重了解现实世界中不同制度结构因素如何影响环境决策，进而影响地方政府的污染治理行为。第四，后续的研究将把中国的案例放在一个比较的视野当中，特别是决策者的注意力这一关键因素在不同国家和地区的制度下是否会有不一样的结果。尤其是政治制度在多大程度上缓和、干扰或增强决策者注意力对环境决策和政府污染治理行为的影响。此外，政府在一个具有良好公民社会传统的决策环境下，污染治理支出变化是否会变得更加理性与渐进？环保决策以及污染治理行为是否更加科学？在后续的研究中将对这些问题进行深入探讨。

附录 访谈城市和政府部门明细

F—1 访谈城市和政府部门明细

省/市	访谈部门/官员	时间
广东省	财政厅	2012 年 8 月 2—3 日
广东省	环保厅	2012 年 12 月 19 日
广东省	人大以及常委会	2012 年 12 月 27 日
广东省 A 市	环保局	2012 年 9 月 21 日 2012 年 10 月 14—16 日 2012 年 11 月 13—14 日
广东省 A 市	财政局	2012 年 9 月 13—14 日
广东省 A 市	建设部门（水务局）	2012 年 11 月 13—14 日
广东省 A 市	人大以及常委会	2012 年 12 月 12—13 日
广东省 A 市	市社科院	2012 年 12 月 17 日
广东省 S 市	环保局	2013 年 1 月 10—11 日
广东省 S 市	建设部门（水务局）	2012 年 11 月 7—8 日
福建省 Z 市	环保局	2013 年 3 月 20 日，2014 年 1 月 3 日
福建省 Z 市	财政局	2012 年 10 月 8—9 日
福建省 Q 市	环保局	2013 年 3 月 13 日，2014 年 1 月 3 日

参考文献

英文文献

[1] Arthur, Jeffrey, "The Link between business strategy and industrial relations systems in American Steel Minimills", *Industrial and Labor Relations Review*, 1992, 45: 488-506.

[2] Bachrach, Peter and Morton Baratz, "Two Faces of Power", *American Political Science Review*, 1962, 56(4): 947-952.

[3] Bailey, J. and O'Connor, R., "Operationalizing Incrementalism: Measuring the muddles", *Public Administration Review*, 1975, 35: 60-66.

[4] Bak, Per, *How Nature Works*, New York: Springer-Verlag, 1997.

[5] Baumgartner Frank and Bryan D. Jones, "Agendas Dynamics and Policy Subsystems", *Journal of Politics*, 1991, 53(4): 1044-1074.

[6] Baumgartner, Frank R. et al., "Punctuated Equilibrium in Comparative Perspective", *American Journal of Political Science*, 2009, 53(3): 603–620.

[7] Baumgartner R. Frank and Bryan D. Jones, *Agendas and Instability in American Politics*, Chicago: The University of Chicago Press, 2009.

[8] Berlyne,D.E., "Attention", in Edward C. Carterette and Morton P. Friedman, eds., *Handbook of Perception*, New York: McGraw-Hill, 1974.

[9] Bish ,Robert, *The Public Economy of Metropolitan Areas*, Chicago: Markham, 1973.

[10] Bo, Zhiyue, "Eonomic Performance and Political Mobility: Chinese Provincial Leaders", *Journal of Contemporary China*, 1996, 5(12): 135-155.

[11] Bo Zhiyue, *Chinese Provincial Leaders: Economic Performance and*

Political Mobility since 1949, Armonk, N.Y.: M.E. Sharpe, 2002.

[12] Breuning,C. and Koski,C., " Punctuated Equilibria and Budgets in American States" , *The Policy Studies Journal*, 2006, 34(30): 3636-3679.

[13] Buchanan, James M. and Gordon Tullock, The *Calculus of Consent*, Ann Arbor: University of Michigan Press, 1962.

[14] Bunce, Valerie, *Subversive Institutions: The Design and the Destruction of Socialism and the State*, Cambridge: Cambridge University Press, 1999.

[15] Chen, Ye,et al., " Relative Performance Evaluation and the Turnover of Provincial Leaders in China" , *Economic Letters*, 2005, 88: 421-425

[16] Child, John, Yuan Lu and Terence Tsai, " Institutional Entrepreneurship in Building an Environmental Protection System for the People' s Republic of China" , *Organization Studies*, 2007, 28(7): 1013-1034.

[17] Clark, Pand J. Wilson, " Incentive System: A Theory of Organizations" , *Administrative Science Quarterly*, 1961, 6(3): 129-166.

[18] Crow, Deserai Anderson, " Local Media and Experts: Sources of Environmental Policy Initiation?" , *Policy Studies Journal*, 2010, 38(1): 143-164.

[19] Davis,O.A., Dempster, M.A.H. and Wildavsky, A., " A Theory of the Budgetary Process" , *The American Political Science Review*, 1966, 4(3): 529-549.

[20] Dasgupta, Susmita and David Wheeler, " Citizen Complaints as Environmental Indicators: Evidence from China" , *Policy Research Working Paper Series*, 1704, 1997.

[21] Easterly,William, *The Elusive Quest for Growth: Economists' Adventures and Misadventures in the Tropics*, The MIT Press, 2002.

[22] Economy, C. Elizabeth, *The River Runs Black: The Environmental Challenge to China's Future*, Cornell University Press, 2010.

[23] Eldridge, Nile and Gould, Stephen J., " Punctuated equilibria: an alternative to phyletic gradualism" ; in Schopf, Thomas J .M. eds., *Models in Paleobiology*, San Francisco: Freeman Copper, 1972, p.82-115.

[24] Feuerwerker,A.,R. Murphey and M.Wright, *Approaches to Modern*

Chinese History, Berkeley: University of California Press, 1967.

[25] Gould, Stephen J., *The Structure of Evolution Theory*, Cambridge, MA: Belknap Press, 2002.

[26] Guo Gang, " China' s Local Political Budget Cycles" , *American Journal of Political Science*, 2009, 53(3): 623.

[27] Heberer, Thomas and Senz Anja, " Streamlining Local Behavior Through Communication, Incentives and Control: A Case Study of Local Environmental Policies in China" , *Journal of Current Chinese Affairs*, 2011, 3: 77-112.

[28] Holmstrom, Bengt and Paul Milgrom, " Multi-Task Principal-Agent Analyses: Linear Contracts, Asset Ownership and Job Design" , *Journal of Law, Economics and Organization*, 1991, 7: 24-52.

[29] Hardin, Garrett, " The Tragedy of the Commons" , *Science*, 1968, 62: 1243-1248.

[30] Huang Yasheng, " Managing Chinese Bureaucrats: An Institutional Economics Perspective" , *Political Studies*, 2002, 50: 69-74.

[31] Jackson,John E.(ed), *Institution in American Society*, Ann Arbor: University of Michigan Press, 1990, p. 2.

[32] Jahiel, Abigail R., " The Organization of Environmental Protection in China" , *The China Quarterly* (Special Issue: China' s Environment) ,1998, 156: 757-787.

[33] John,Peter and Helen Margetts, " Policy Punctuations in the UK: Fluctuations and Equilibria in Central Government Expenditure Since 1951" , *Public Administration*, 2003, 81(3) : 441-432.

[34] Jones et al., " Policy Punctuation: U.S. Budget Authority, 1947-1995" , *The Journal of Politics*, 1998, 60(1): 1-33.

[35] Jone,B.D., Tracy Sulkin and H.A.Larsen, " Policy Punctuations in American Political Institutions" , *American Political Science Review*, 2003, 97(1): 151-169.

[36] Jones,B.D. and F.R. Baumgartner, *The Politics of Attention: How*

Government Prioritizes Problems, Chicago: University of Chicago Press, 2005.

[37] Jones,B.D., *Reconceiving Decision-making in Democratic Politics. Attention, Choice, and Public Policy*, Chicago: University of Chicago Press, 1994.

[38] John, Peter, " Is There Life after Policy Streams, Advocacy Coalition, and Punctuations: Using Evolutionary Theory to Explain Policy Change" , *Policy Studies Journal*, 2003, 31(4): 481-498.

[39] Jordan, Meagan M., " Punctuations and Agendas: A New look at local government budget expenditures" , *Journal of Policy Analysis and Management*, 2003, 22(3): 345-360.

[40] Kingdon, John, W., *Agenda, Alternatives, and Public Policies*, Boston: Little Brown, 1984.

[41] Kung, James Kai-Sing and Shuo Chen, " The Tragedy of the Nomenklatura: Career Incentives and Political Radicalism during China' s Great Leap Famine" , *American Political Science Review*, 2011, 105: 27-45

[42] Landry, F. Pierre, *Decentralized Authoritarianism in China: The Communist Party' s Control of Local Elites in the Post-Mao Era*, Cambridge: Cambridge University Press, 2008.

[43] Lewis, Eugene, *Public Entrepreneurship: Toward a Theory of Bureaucratic Political Power*, Bloomington: Indiana University Press, 1980.

[44] Li Hongbin and Li-an Zhou, " Political Turnover and Economic Performance: The Incentive Role of Personnel Control in China" , *Journal of Public Economics*, 2005, 89(9-10): 1743-1762.

[45] Lieberthal Kenneth G. and David M.Lampton, *Bureaucracy, Politics, and Decision Making in Post-Mao China*, Berkeley: Oxford University Press, 1992.

[46] Lieberthal, Kenneth G., " China' s Governing System and Its Impact on Environmental Policy Implementation" , *China Environment Series*, Washington, DC: Woodrow Wilson, 1997.

[47] Lindblom, Charles E., *The Policy-making Process*, Englewood Cliffs:

Prentice Hall, 1968.

[48] Margols, Howard, *Patterns, Thinking, and Cognition*, Chicago: University of Chicago Press, 1987.

[49] Maria Edin, " State Capacity and Local Agent Control in China: CCP Cadre Management from a Township Perspective", *The China Quarterly*, 2003, 173: 39.

[50] Mei Ciqi, *Brings the politics back in: Political incentive and policy distortion in China*, Ph.D. Dissertation, The University of Maryland, 2009.

[51] Nancy C. Roberts, " Public Entrepreneurship and Innovation", *Policy Studies Review*, 1992, 1(1): 55-63.

[52] Neisser, Ulric, *Cognition and Reality*, San Francisco: W.H. Freeman, 1976.

[53] Merton,R.K., *Social Theory and Social Structure*, New York: The Free Press, 1968.

[54] Montinola et al., " Federalism, Chinese Style: The Political Basis for Economic Success in China", *World Politics*, 1995, 48: 50-81

[55] Mortensen,Peter B., " Policy Punctuations in Danish Local Budgeting", *Public Administration*, 2005, 83(4): 931-950.

[56] Oates, W.E., *Fiscal Federalism*, New York: Harcourt Brace Jovanovich, 1972.

[57] Oi, Jean, " *Fiscal Reform and the Economic Foundations of Local State Corporatism in China*", *World Politics*, 1992, 45(1): 99-126.

[58] Padgett,J.F., " Managing Garbage Can Hierarchies", *Administrative Science Quarterly*, 1980, 25: 583-604

[59] Padgett,J.F., " Bounded Rationality in Budgetary Research", *The American Political Science Review*, 1980, 74: 354-372.

[60] Pearce, David and Charles Palmer, " Public and Private Spending for Environmental Protection: a Cross-country Policy Analysis", *Fiscal Studies*, 2001, 22(4): 403-456.

[61] Portz, John, " Problem Definitions and Policy Agendas: Shaping the

Educational Agenda in Boston", *Policy Studies Journal*, 1996, 24: 371-386.

[62] Qian,Yinyi and Weingast,B.R., " China' s Transition to Markets: Market-preserving Federalism, Chinese Style", *Journal of Economic Policy Reform*, 1996, 1: 149-185.

[63] Qian, Y. and G. Roland, " Federalism and the Soft Budget Constraint", *American Economic Review*, 1998, 88(5): 1143-1162.

[64] Rabe, Barry, *Statehouse and Greenhouse: The Stealth Politics of America Climate Change Policy*, Washington, DC: Brookings Institution Press, 2006.

[65] Ran Ran, " Perverse Incentive Structure and Policy Implementation Gap in China' s Local Environmental Politics", *Journal of Environmental Policy & Planning*, 2013, 15(1): 17-39.

[66] Redford, Emmette, *Democracy in the Administrative State*, New York: Oxford University Press, 1969.

[67] Riker,William, *The Art of Political Manipulation*, New Haven: Yale University Press, 1986.

[68] Robinson, Scott E., Floun' say Caver, Kenneth J. Meier and Laurence J. O' Toole, Jr., " Explaining Policy Punctuations: Bureaucratization and Budget Change", *American Journal of Political Science*, 2007, 51(1): 140-150.

[69] Robinson, Scott E. and Caver, Flounsay.R., " Punctuated Equilibrium and Congressional budgeting", *Political Research Quarterly*, 2006, 59(1): 161-166.

[70] Robinson, Scott E., " Punctuated equilibrium models in organizational decision making", In Goktug Morcol (ed.), *Handbook of Decision Making*, New York: CRC Taylor and Francis, 2006.

[71] Ryu, Jay Eungha, " Legislative Professionalism and Budget Punctuations in State Government Sub-Functional Expenditures", *Public Budgeting and Finance*, 2011, 31(2): 22-42.

[72] Schick, A., *The Capacity of Budget*, Washington, D.C.: Urban Institute Press,1990.

[73] Schneider , Mark and Paul Teske, " Toward a Theory of the Political Entrepreneur：Evidence from Local Government" , *American Political Science Review*, 1992, 86(3)： 737-747.

[74] Silva, Emilson C. D. and Arthur J. Caplan, " Transboundary pollution control in federal systems" , *Journal of Environmental Economics and Management*, 1997 , 34： 173–186.

[75] Simon, Herbert A., " The Logic of Heuristic Decision-Making" , In R.S. Cohen, and M.W. Wartofsky. eds., *Modes of Discovery*, Boston：D. Reidel, 1977.

[76] Simon, Herbert, A., " Rational Decision-Making in Business Organization" , *American Economic Review*, 1979, 69： 495-501

[77] Simon, Herbert A., *Reason in Human Affairs*, Stanford：Stanford University Press, 1983.

[78] Simon, Herbert, A., " Human Nature in Politics：The Dialogue of Psychology with Political Science" , *American Political Science Review*, 1985,79： 293-304.

[79] Shah, A., " The Reform of Intergovernmental Fiscal Relations in Developing and Emerging Market Economies" , Policy Research Series Paper 23, Washington, DC：World Bank, 1994.

[80] Spill, Rorie L, Michael J. Licari and Leonard J.Ray, " Taking on Tobacco：Policy Entrepreneurship and the Tobacco Litigation" , *Political Research Quarterly*, 2001, 54(3) ： 605-622.

[81] Steinmo, Sven, " The New Institutionalism" , in Barry Clark and Joe Foweraker, eds., *The Encyclopedia of Democratic Thought*, London：Routldge, 2001.

[82] Susan H. Whiting, *Power and Wealth in Rural China: The Political Economy of Institutional Change*, Cambridge University Press, 2006.

[83] Teodoro, Manuel, " Bureaucratic Job Mobility and The diffusion of Innovations" , *American Journal of Political Science*, 2009, 53(1)： 175-189.

[84] Thelen, Kathleen and Sven Steinmo, " Historical institutionalism in comparative politics" , In Kathleen Thelen and Frank Longstreth, eds., *Structuring*

Politics: Historical Institutionalism in Comparative Analysis, Cambridge: Cambridge University Press, 1992.

[85] Thorngate, Warren, " On Paying Attention", in William J. Baker, L.P. Moos, and H.J. Stam,eds., *Recent Trends in Theoretical Psychology*, New York: Springer-Verlag, 1988.

[86] Tiebout C.M., " A Pure Theory of Local Expenditures", *Journal of Political Economy*, 1956, 64: 416-424.

[87] Tony Saich, " The Blind Man and the Elephant: Analyzing the Local State in China", In *East Asian Capitalism: Conflicts, Growth and Crisis*, ed., Tomba, Luigi, Milano: Feltrinelli, 2002.

[88] True,J.L., " Is the National Budget Controllable?", *Public Budgeting and Finance*, 1995, 15(2): 18-32

[89] True,J.L., Jones, B.D.and Baumgartner,F.R., " Punctuated equilibrium theory: Explaining stability and change in American Policymaking", In P.Sabatier(ed), *Theories of the Policy Process*, Boulder, CO: Westview Press, 2009.

[90] True,J ames L., " Attention, Inertia, and Equity in the Social Security Program", *Social Science*, 1999, 9(4): 571-596.

[91] True, J.L. ,B.D Jones and F.R.Baumgartner, " Punctuated-equilibrium Theory: Explaining Stability and Change in Public Policymaking", in Sabatier, P.A.(ed), *Theory of the Policy Process*, Boulder,CO: Westview Press, 2007.

[92] Truman, David.B., *The Government Process*, New York: Alfred Knopf, 1951.

[93] Tsui,Kai-yuen and Youqing Wang, " Between Separate Stoves and a Single Menu: Fiscal Decentralization in China", *The China Quarterly*, 2004, 177: 79.

[94] Van Rooij Benjamin and Carlos Wing-Hung Lo., " Fragile Convergence: Understanding Variation in the Enforcement of China's Industrial Pollution Law", *Law&Policy*, 2010, 32(1): 14-37.

[95] Vermeer, Eduard B., " Industrial Pollution in China and Remedial

Policies", *The China Quarterly* (Special Issue: China's Environment), 1998, 156: 952-985.

[96] Walder, Andrew, "Local Governments as Industrial Firms", *American Journal of Sociology*, 1995, 101: 263-301.

[97] Wang,H.C.and Liu, B.J., "Policymaking for environmental protection in China", In: M.B. McElory, C.P. Nielsen & P. Lydon(eds), *Energizing China, Reconciling Environmental Protection and Economic Growth*, Cambridge: M.A. Harvard University Press, 1998.

[98] Wang, Xiaohu, "Exploring Trends, Sources, and Causes of Environmental Funding: A Study of Florida Counties", *Journal of Environmental Management*, 2011, 92(11): 2930-2938;

[99] Wanxin Li and Paul Higgins, "Controlling Local Environmental Performance: an analysis of three national environmental management programs in the context of regional disparities in China", *Journal of Contemporary China*, 2013, 22(81): 409-427.

[100] Wendy, Schiller Wendy, "Senators as Policy Entrepreneurs: Using Bill Sponsorship to Shape Legislative Agenda", *American Journal of Political Science*, 1995, 9(1): 186-203.

[101] Williamson, Oliver E., *The Economic Institution of Capitalism*, New York: Free Press, 1985.

[102] Wood,B.D., "Federalism and Policy Responsiveness: The Clear Air Case", *The Journal of Politics*, 1991, 53: 851-859.

[103] Wu,Jing et al., "Incentives and Outcomes: China's Environmental Policy", NBER Working Paper No. 18754, 2013. http://www.nber.org/papers/w18754

[104] Young Nam Cho, "From Rubber Stamps to Iron Stamps: The Emergence of Chinese Local People's Congresses as Supervisory Powerhouses", *The China Quarterly*, 2002, 171: 724-740.

[105] Young Nam Cho, *Local People's Congresses in China: Development and Transition*, New York: Cambridge University Press, 2008.

[106] Zahariadis, Nikolaos, "The Multiple Streams Framework: Structure, Limitations, Prospects", in Paul A. Sabatier (ed), *Theories of the Policy Process* (2nd edition), Boulder, CO: Westview Press. 2007.

[107] Zheng, Yongnian, *De Facto Federalism in China: Reforms and Dynamics of Central-local Relations* (Series on Contemporary China), World Scientific Publishing, 2007

[108] Zhou Xueguang, "The Institutional Logic of Collusion among Local Governments in China", *Modern China*, 2010, 36(1): 58.

[109] Zhu, Xufeng, "Strategy of Chinese policy entrepreneurs in the third sector: challenges of 'Technical Infeasibility'", *Policy Science*, 2008, 41: 315–334.

中文文献
图书

［1］［美］曼瑟尔·奥尔森:《集体行动的逻辑》,陈郁等译,上海三联书店 1995 年版。

［2］曹康泰、王学军:《信访条例辅导读本》,中国法制出版社 2005 年版。

［3］国家环境保护总局、中共中央文献研究室:《新时期环境保护重要文献选编》,中央文献出版社、中国环境科学出版社 2001 年版。

［4］国家环境保局:《中国的环境保护事业: 1981—1985》,中国环境科学出版社 1999 年版。

［5］《金华市人民代表大会志》编纂委员会:《金华市人民代表大会志》,浙江摄影出版社 2011 年版。

［6］康锦达、朱少凡:《天责:一个人大代表行使权力的震撼经历》,中国社会科学出版社 2003 年版。

［7］厉以宁:《中国的环境与可持续发展》,经济科学出版社 2004 年版。

［8］［美］詹姆斯·马奇:《决策时如何产生的》,王元歌、章爱民译,机械工业出版社 2007 年版。

［9］《宁波市人民代表大会志》编纂委员会:《宁波市人民代表大会

志》，中华书局 2010 年版。

［10］［美］道格拉斯·诺斯：《经济史中的结构变迁》，陈郁、罗华平译，上海三联出版社 1994 年版。

［11］彭真：《彭真文选（1941—1990 年）》，人民出版社 1991 年版。

［12］曲格平、彭近新主编：《环境觉醒：人类环境会议和中国第一次环境保护会议》，中国环境科版社 2010 年版。

［13］沈阳市人大常委会：《地方人大代表工作实践与探索》，中国民主法制出版 2010 年版。

［14］孙佑海：《超越环境"风暴"——中国环境资源保护立法研究》，中国法制出版社，2008 年版。

［15］［美］丹尼尔·史普博：《管制与市场》，余晖等译，上海三联书店 2017 年版。

［16］汤大华、毛寿龙、宁宇、薛亮：《市政府管理：廊坊市调查》，中国广播电视出版社 1997 年版。

［17］［德］托马斯·海贝勒、［德］安雅·森茨：《沟通、激励和监控对地方行为的影响：中国地方环境政策的案例研究》，载于［德］托马斯·海贝勒等主编：《中国与德国的环境治理：比较的视角》，中央编译出版社 2012 年版。

［18］汪劲主编：《环保法治三十年：我们成功了吗？中国环保法治蓝皮书（1979—2010）》，北京大学出版社 2011 年版。

［19］王金南、曹东：《能源与环境》，中国环境科学出版社 2004 年版。

［20］王绍光、胡鞍钢：《中国国家能力报告》，辽宁人民出版社 1993 年版。

［21］徐世群、李尚志、刘朝兴等：《地方人大监督工作研究》，中国民主法制出版社 2005 年版。

［22］于莉：《省会城市预算过程的政治》，中央编译出版社 2010 年版。

［23］张坤民、王玉庆：《中国环境保护投资报告》，清华大学出版社 1992 年版。

［24］《中国环境保护行政二十年》编委会：《中国环境保护行政二十年》，中国环境科学出版社 1994 年版。

［25］中国环境与发展国际合作委员会：《给中国政府的环境与发展政策建议》，中国环境科学出版社 2005 年版。

［26］周黎安：《转型中的地方政府：官员激励和治理》，上海人民出版社 2008 年版。

［27］朱光磊：《当代中国政府过程》，天津人民出版社 2006 年版。

期刊

［28］曹正汉、史晋川：《中国地方政府应对市场化改革的策略：抓住经济发展的主动权：理论假说与案例验证》，《社会学研究》2009 年第 4 期。

［29］陈斌等：《环保部门经费保障问题调研》，《环境保护》2006 年第 11B 期。

［30］陈继清：《我国信访制度存在的问题及其完善措施》，《中国行政管理》2006 年第 6 期。

［31］陈丹、唐茂华：《试论我国信访制度的困境与"脱困"——日本苦情制度对我国信访制度的启示》，《国家行政学院学报》2006 年第 1 期。

［32］程金华：《中国行政纠纷解决的制度选择》，《中国社会科学》2009 年第 6 期。

［33］程绪水：《流域机构在应对重大水污染事件中的责任》，《治淮》2006 年第 5 期。

［34］杜辉：《论制度逻辑框架下环境治理模式之转换》，《法商研究》2013 年第 1 期。

［35］黄冬娅、杨大力：《考核式监管的运行与困境：基于主要污染物总量减排考核的分析》，《政治学研究》2016 年第 4 期。

［36］邝艳华：《公共预算决策理论评述：理性主义、渐进主义和间断均衡》，《公共政策评论》2011 年第 4 期。

［37］李万新，[美]埃里克·祖斯曼：《从意愿到行动：中国地方环保局的机构能力研究》，《环境科学研究》2006 年第 19 期。

［38］马骏：《交易费用政治学：现状与前景》，《经济研究》2003 年第 1 期。

［39］马骏、侯一麟：《中国省级预算中的非正式制度：一个交易费用

框架》,《经济研究》2004 年第 10 期。

［40］曲格平:《中国环境保护事业发展历程提要（续）》,《环境保护》1988 年第 4 期。

［41］Schroeder, Larry and Naomi Aoki:《测量分权的挑战》,熊美娟译,《公共行政评论》2009 年第 2 期。

［42］尚宏博:《论我国环保督查制度的完善》,《中国人口、资源与环境》2014 年 S1 期。

［43］唐皇凤:《价值冲突与权益均衡：县级人大监督制度创新的机理分析》,《公共管理学报》2011 年第 8 期。

［44］王绍光:《中国公共政策议程设置的模式》,《中国社会科学》2006 年第 5 期。

［45］王贤彬、张莉、徐现祥:《辖区经济增长绩效与省长省委书记晋升》,《经济社会体制比较》2011 年第 1 期。

［46］王永钦等:《中国的大国发展道路 —— 论分权式改革的得失》,《经济研究》2007 年第 1 期。

［47］夏光:《增强环境保护部参与国家综合决策的能力》,《环境保护》2008 年第 4A 期。

［48］阎坤、张立承:《中国县乡财政困境分析与对策研究》,《经济研究参考》2003 年第 90 期。

［49］杨鹏:《中国环保为什么困难重重？》,（香港）《二十一世纪评论》2005 年 2 月第 87 期。

［50］杨涛:《间断—平衡模型：长期政策变迁的非线性解释》,《甘肃行政学院学报》2011 年第 2 期。

［51］杨展里、葛勇德:《以南通为例分析中国地方环境执政能力建设的问题与对策》,《环境科学研究》2006 年第 19 卷增刊。

［52］于莉:《预算过程：从渐进主义到间断式平衡》,《武汉大学学报》（哲学社会科学版）2010 年第 6 期。

［53］周飞舟:《分税制十年：制度及其影响》,《中国社会科学》2006 年第 6 期。

［54］周黎安:《晋升博弈中政府官员的激励与合作 —— 兼论我国地方

保护主义和重复建设问题长期存在的原因》,《经济研究》2004 年第 6 期。

［55］周雪光:《"逆向软预算约束":一个政府行为的组织分析》,《中国社会科学》2005 年第 2 期。

［56］周雪光、练宏:《政府内部上下级部门间谈判的一个分析模型 —— 以环境政策实施为例》,《中国社会科学》2011 年第 5 期。

论文

［57］马骏、牛美丽:《重构中国公共预算体》(工作论文),2006 年。

办法、规定与通知

［58］《中共中央组织部关于调整环境保护部门干部管理体制有关问题的通知》(组通字〔1999〕935 号)

［59］《广东省市厅级党政领导班子和领导干部落实科学发展观评价指标体系及考核评价试行办法》

［60］《排污费征收使用管理条例》(国务院令〔2003〕第 369 号)和《关于环保部门实行收支两条线管理后经费安排的实施办法》

［61］财政部条法司编:《关于编报 2007 年财政预算的通知》,《中华人民共和国财政法规汇编（2006 年 7 月—2006 年 12 月）中册》,中国财政经济出版社 2007 年版。

后　　记

　　时光飞逝，转眼间博士毕业快五年。回首博士期间的研究以及博士论文的写作，感慨万千，总觉得时间过得太快。

　　本书完稿之际，我首先感谢吴逢时教授，能够师从吴教授是我学术生涯中莫大的荣幸。她不仅在方法论、理论关怀以及研究议题等方面给予了充分的指导，而且在她的教导下，我不断拓宽了研究视野，提升了学术品位。在博士学位攻读期间，她总是不厌其烦地引导我思考，教导我如何脚踏实地做学问；在学术研究遇到瓶颈时，她总是鼓励我，引导我走出学术的困境。吴教授言传身教，教书育人，对中国环境政治研究充满热忱，对学生谆谆教导。感谢吴教授对我学术成长的指导与帮助，也感谢老师对我的宽容、耐心和信任，能够有您这样一位亦师亦友的导师，是我终生的幸运，也是我终生学习和追随的榜样。

　　感谢王绍光教授一直以来对我的指导和关怀。王教授渊博的知识以及对中国研究问题敏锐的洞察力，开阔了我的学术视野，给予我极大的启发。他详尽而中肯的意见和建议，对本书写作起到了十分重要的作用。感谢李连江教授对我的学术启蒙，他严谨治学的态度以及丰富的研究经验对我学术成长影响十分巨大。感谢詹晶教授以及中山大学的马骏教授，感谢两位老师给予我宝贵的指导和提出了有益的研究思路。感谢宁波诺丁汉大学的王宇教授和香港理工大学黄鹤回教授，带领我走出定量研究的瓶颈。

　　本书的最后定稿，还要感谢香港中文大学中国研究服务中心（USC）提供丰富的馆藏资料和研究服务中心的诸位老师的帮助，本书大部分数据均来自于中国研究服务中心的馆藏年鉴和统计年报。感谢 China Environment and Health Initiative of the Social Science Research Council 和

Rockefeller Brothers Fund 对"广西与广东省的关于环境健康的当地知识"项目的研究资助。有幸参与这个项目，使我搜集了十分宝贵的田野资料，帮助我完成博士论文田野调查的前期工作。同时感谢中山大学的方芗老师给我介绍多位访谈对象。还要感谢田野调查过程中接受访谈的诸位受访者，是你们的耐心和丰富材料不仅让我深入地了解中国政治的运行与本质，而且启发我思考的理论方向以及帮助我走出写作的瓶颈，最终本书也得以完稿。

感谢我的父母无怨无悔地提供物质上的支持以及精神的慰藉，感谢帮助我学术成长的各位同学朋友，感谢李振、魏英杰、段海燕、张佳羽、金帅、管玥、蔡琦海、杨燊、覃爽等学长与朋友的关心和帮助，谢谢你们对我的关心和陪伴我走过人生最美好的时光。最后感谢我的挚友杨昆博士，有你的支持，我才可以乐观面对研究与生活中挑战。

彭铭刚
于 2018 年日本北海道登别 夏